素数が奏でる物語

2つの等差数列で語る数論の世界

西来路文朗 著
清水健一

ブルーバックス

カバー装幀／芦澤泰偉・児崎雅淑
ミニチュア製作・撮影／水島ひね
本文デザイン／あざみ野図案室

「素数の音楽会」へようこそ!

　1, 2, 3 … と続く自然数の中で, まるで一等星のようにひときわ美しく輝いている数——それが素数です。「1と自分自身以外に約数をもたない」というシンプルな定義にもかかわらず, その存在は数学史に名を遺す巨人たちを魅了し, 探究の道へと誘ってきました。

　素数をめぐる問題は, いまなお未解決のものも多く, 整数論の奥深い世界に分け入る試みが現在進行形で進められている, ダイナミックな対象です。

　本書では, 一見単純そうでありながら, 実は深遠な素数の世界を, 2つの数列の"合奏"に耳を傾けながらみていきたいと思います。演奏者は, $\{4n+1\}$ と $\{4n+3\}$ という2つの等差数列です。

　2つの数列が奏でてくれるのは, 素数の深遠な姿を明らかにしてきた4人の巨人——ユークリッド, フェルマー, オイラー, そしてガウス——による名曲たち。ときに「素数の無限性」というロマンチックなメロディを響かせ, ときに「ピタゴラス数」との不思議な共鳴を紡ぎ出す名演奏の数々を, ぜひ楽しんでください。曲目が進むにつれて, $\{4n+1\}$ と $\{4n+3\}$, それぞれの演奏者の個性の違いも楽しんでいただけることでしょう。

　ちなみに, ブルーバックスとしての本書の通巻番号「1907」は, $\{4n+3\}$ の仲間のひとりです。この素数は, いったいどんな個性を発揮してくれるのでしょうか。

　さあ, まもなく開演です。

はじめに

本書は等差数列中の素数に焦点を当てて,素数分布,代数的整数論,解析的整数論の初歩を紹介し,他書にない整数論の入門書となるように企画されたものです。

整数論では,数の性質を調べるためにさまざまな数学が使われます。とくに,代数的な概念を使って研究する分野を「代数的整数論」,微分積分や複素関数の解析学を使って研究する分野を「解析的整数論」といい,整数論の2つの柱となっています。

本書では等差数列,とくに $\{4n+1\}$ と $\{4n+3\}$ の等差数列を縦糸,代数的整数論,解析的整数論を横糸に話を展開していきます。

等差数列と聞くと平凡な印象があり,そこには何の不思議も神秘も感じられないかもしれません。しかし,素数という視点から等差数列をみると,まったく違った光景が現れるのです。

「解(わか)っていることの深遠さと,解っていないことのつまらなさの,この極端な不釣合にこそ,数論の神秘性,不可思議さがあるといえよう」と足立恒雄氏が著書に書いておられます。一見つまらなそうな未解決の問題が解決されると,そこに深い豊かな数学との出会いが私たちを待っています。

有名なフェルマーの大定理はその1つの例でしょう。「$n \geq 3$ のとき,$x^n + y^n = z^n$ を満たす自然数は存在しない」という問題は,単純な問題にみえるかもしれません。ガウスは同じような解けない問題を簡単につくることができるといって,フェルマーのこの予想にあまり関心を示さなかっ

たそうです。しかし，未解決であることが多くの人の挑戦欲をかき立て，その解決への努力が長い間続けられたわけです。そしてワイルズによる解決は，その少し前までは誰も想像もしなかった高度な数学理論がその背後にあることを明らかにしました。

等差数列中の素数の問題は，フェルマーの大定理ほど一般に知られてはいませんが，等差数列という一見単純そうな問題の背後にある深遠で豊かな数学を味わいながら，整数論の魅力的な世界を知ってもらえればと願っています。

第1章は，素数の分布の問題の魅力について紹介します。素数がどのように散らばっているかについては，わかっていることもありますが未知のことが多く，謎に包まれています。このような素数の分布のようすから，等差数列中の素数の問題が決して単純な問題ではないことを感じてもらいたいと思います。

第2章，第3章，第4章を通じて，等差数列 $\{4n+1\}$ と $\{4n+3\}$ の中の素数の無限性について紹介します。

第2章は，素数が無数にあること，等差数列 $\{4n+3\}$ の中に素数が無数にあることをユークリッドのアイディアにしたがって紹介します。

第3章は，等差数列 $\{4n+1\}$ の中に素数が無数にあることの証明とそれに関連する定理を，フェルマーの発見した定理を中心に紹介します。

第4章は，素数が無数に存在すること，等差数列 $\{4n+1\}$，$\{4n+3\}$ の中に素数が無数に存在することを，オイラーによる解析的な方法で証明します。

第5章は等差数列 $\{4n+1\}$，$\{4n+3\}$ の中の素数の個性

の違いを連分数,相互法則,ガウスの整数を通じて紹介します。

　本書の執筆にあたって,多くの文献を参考にしました。これらの文献は関連図書として巻末に紹介しています。本書では証明をせずに結果だけを紹介した定理も多くあります。証明や,より発展した内容については関連図書をご覧ください。本書によって,読者が素数に魅力を感じ,これらの図書でさらに素数の世界をのぞいてみたいという意欲をもっていただければ幸いです。

　本書を出版するにあたり,ブルーバックス出版部の倉田卓史氏および出版部の方々には,「第一読者」として丁寧に原稿を読んでいただき,数々の貴重なコメントをいただきました。心より感謝申し上げます。

素数が奏でる物語　もくじ

「素数の音楽会」へようこそ！ ……………………………… 3
はじめに ………………………………………………………… 4

第1章　素数の分布 …………………… 11
〜数の星空をながめて

1.1　素数はどのように存在しているか ……………… 12

1.2　素数の間隔 ………………………………………… 17

1.3　素数の個数 ………………………………………… 22

1.4　数の星空全体を見渡すと ………………………… 28

1.5　形ある素数「数の星座」 ………………………… 30

第2章　素数の無限性(1) ……………… 35
〜ユークリッドのしらべ

2.1　古代バビロニアの数学と素数 …………………… 38

2.2　ふるい ……………………………………………… 41

2.3　素数が無数にあること …………………………… 42

2.4	等差数列	46
2.5	等差数列中の素数	48
2.6	$4n+3$ の素数	49
2.7	$4n+1$ の素数	52
2.8	等差数列についての話題	54

第3章 $4n+1$ の素数 〜フェルマーのしらべ …… 57

3.1	$4n+1$ の素数の謎	60
3.2	フェルマーの小定理	66
3.3	第1補充法則の証明	73
3.4	ウィルソンの定理	77
3.5	フェルマーの小定理をめぐって	81
3.6	ピタゴラス数	85
3.7	フェルマーの平方和定理の証明	90
3.8	1907が奏でる物語	97

第4章 素数の無限性(2) ……… 99
~オイラーのしらべ

- 4.1 オイラーのアイディア ……… 103
- 4.2 無限級数とは ……… 110
- 4.3 調和級数 ……… 118
- 4.4 素数の無限性の証明 ……… 121
- 4.5 対数 ……… 124
- 4.6 素数の逆数の和 ……… 130
- 4.7 ライプニッツの公式 ……… 132
- 4.8 $4n+1$, $4n+3$ の素数の無限性 ……… 136

第5章 等差数列と相互法則 ……… 147
~ガウスのしらべ

- 5.1 連分数と素数の個性 ……… 152
- 5.2 近似分数とペル方程式 ……… 161
- 5.3 連分数展開と平方和定理 ……… 169

5.4	素因数からみた相互法則	172
5.5	ルジャンドルの記号	179
5.6	相互法則の力	183
5.7	補充法則	188
5.8	相互法則をめぐって	194
5.9	ガウス整数とは	200
5.10	ガウス素数と平方和定理	208
5.11	素数の個性のその先は…？	218

おわりに ……………………………………………… 222
終演のごあいさつ …………………………………… 223
関連図書 ……………………………………………… 224
さくいん ……………………………………………… 229

第 1 章 素数の分布
~数の星空をながめて

1.1 素数はどのように存在しているか

 等差数列中の素数が本書のテーマです。この一見単純そうな問題がいかに興味深い問題であるかを知ってもらうために,まず素数の分布について紹介します。素数が自然数の中でどのように現れているかという問題が,素数分布の問題です。素数の定義は簡単ですが,素数がどのように存在しているかについては,多くの謎でいっぱいというのが素数分布の問題の魅力です。しばらく素数の分布の問題を楽しんでください。

 1, 2, 3, 4, … という自然数を私たちは毎日,何らかの形で使っています。数の役割については日常経験していることですが,では数の性質についてはどうでしょう。

 私たち一人ひとりに個性があるように,これらの自然数にもひとつひとつ個性があります。

 そして自然数の中にちりばめられていて,ちょうど夜空の星々の中でひときわ強く輝いている一等星のような数があります。それが素数です。14–15 ページの数たちの中で太字になっている数が素数です。

$$2,\ 3,\ 5,\ 7,\ 11,\ 13,\ 17, \cdots$$

のように,1 と自分自身以外に約数をもたない自然数を**素数**といいます。そして,素数でない 1 より大きい自然数を**合成数**といいます。

 しばらくこの「数の星空」をながめて,どのような法則が秘められているか,いろいろと思いを馳せてみましょう。その昔,古代ギリシャの数学者ピタゴラス (B.C.572?–492?)

は「万物は数である」という世界観をもっていました。ピタゴラスは数の個性に注目した最初の数学者です。ピタゴラスはギリシャの美しい星空をながめながら，この世界観を育み，数の世界の魅力に思いを馳せていたのかもしれません。

1, **2**, **3**, 4, **5**, 6, **7**, 8, 9, 10, **11**, 12, **13**, 14, 15, 16, **17**, 18, **19**, 20, 21, 22, **23**, 24, 25, 26, 27, 28, **29**, 30, **31**, 32, 33, 34, 35, 36, **37**, 38, 39, 40, **41**, 42, **43**, 44, 45, 46, **47**, 48, 49, 50, 51, 52, **53**, 54, 55, 56, 57, 58, **59**, 60, **61**, 62, 63, 64, 65, 66, **67**, 68, 69, 70, **71**, 72, **73**, 74, 75, 76, 77, 78, **79**, 80, 81, 82, **83**, 84, 85, 86, 87, 88, **89**, 90, 91, 92, 93, 94, 95, 96, **97**, 98, 99, 100, **101**, 102, **103**, 104, 105, 106, **107**, 108, **109**, 110, 111, 112, **113**, 114, 115, 116, 117, 118, 119, 120, 121, 122, 123, 124, 125, 126, **127**, 128, 129, 130, **131**, 132, 133, 134, 135, 136, **137**, 138, **139**, 140, 141, 142, 143, 144, 145, 146, 147, 148, **149**, 150, **151**, 152, 153, 154, 155, 156, **157**, 158, 159, 160, 161, 162, **163**, 164, 165, 166, **167**, 168, 169, 170, 171, 172, **173**, 174, 175, 176, 177, 178, **179**, 180, **181**, 182, 183, 184, 185, 186, 187, 188, 189, 190, **191**, 192, **193**, 194, 195, 196, **197**, 198, **199**, 200, 201, 202, 203, 204, 205, 206, 207, 208, 209, 210, **211**, 212, 213, 214, 215, 216, 217, 218, 219, 220, 221, 222, **223**, 224, 225, 226, **227**, 228, **229**, 230, 231, 232, **233**, 234, 235, 236, 237, 238, **239**, 240, **241**, 242, 243, 244, 245, 246, 247, 248, 249, 250, **251**, 252, 253, 254, 255, 256, **257**, 258, 259, 260, 261, 262, **263**, 264, 265, 266, 267, 268, **269**, 270, **271**, 272, 273, 274, 275, 276, **277**, 278, 279, 280, **281**, 282, **283**, 284, 285, 286, 287, 288, 289, 290, 291, 292, **293**, 294, 295, 296, 297, 298, 299, 300, 301, 302, 303, 304, 305, 306, **307**, 308, 309, 310, **311**, 312, **313**, 314, 315, 316, **317**, 318, 319, 320, 321, 322, 323, 324, 325, 326, 327, 328, 329, 330, **331**, 332, 333, 334, 335, 336, **337**, 338, 339, 340, 341, 342, 343, 344, 345, 346, **347**, 348, **349**, 350, 351, 352, **353**, 354, 355, 356, 357, 358, **359**, 360, 361, 362, 363, 364, 365, 366, **367**, 368, 369, 370, 371, 372, **373**, 374, 375, 376, 377, 378, **379**, 380, 381, 382, **383**, 384, 385, 386, 387, 388, **389**, 390, 391, 392, 393, 394, 395, 396, **397**, 398, 399, 400, **401**, 402, 403, 404, 405,

406, 407, 408, **409**, 410, 411, 412, 413, 414, 415, 416, 417, 418, **419**, 420, **421**, 422, 423, 424, 425, 426, 427, 428, 429, 430, **431**, 432, **433**, 434, 435, 436, 437, 438, **439**, 440, 441, 442, **443**, 444, 445, 446, 447, 448, **449**, 450, 451, 452, 453, 454, 455, 456, **457**, 458, 459, 460, **461**, 462, **463**, 464, 465, 466, **467**, 468, 469, 470, 471, 472, 473, 474, 475, 476, 477, 478, **479**, 480, 481, 482, 483, 484, 485, 486, **487**, 488, 489, 490, **491**, 492, 493, 494, 495, 496, 497, 498, **499**, 500, 501, 502, **503**, 504, 505, 506, 507, 508, **509**, 510, 511, 512, 513, 514, 515, 516, 517, 518, 519, 520, **521**, 522, **523**, 524, 525, 526, 527, 528, 529, 530, 531, 532, 533, 534, 535, 536, 537, 538, 539, 540, **541**, 542, 543, 544, 545, 546, **547**, 548, 549, 550, 551, 552, 553, 554, 555, 556, **557**, 558, 559, 560, 561, 562, **563**, 564, 565, 566, 567, 568, **569**, 570, **571**, 572, 573, 574, 575, 576, **577**, 578, 579, 580, 581, 582, 583, 584, 585, 586, **587**, 588, 589, 590, 591, 592, **593**, 594, 595, 596, 597, 598, **599**, 600, **601**, 602, 603, 604, 605, 606, **607**, 608, 609, 610, 611, 612, **613**, 614, 615, 616, **617**, 618, **619**, 620, 621, 622, 623, 624, 625, 626, 627, 628, 629, 630, **631**, 632, 633, 634, 635, 636, 637, 638, 639, 640, **641**, 642, **643**, 644, 645, 646, **647**, 648, 649, 650, 651, 652, **653**, 654, 655, 656, 657, 658, **659**, 660, **661**, 662, 663, 664, 665, 666, 667, 668, 669, 670, 671, 672, **673**, 674, 675, 676, **677**, 678, 679, 680, 681, 682, **683**, 684, 685, 686, 687, 688, 689, 690, **691**, 692, 693, 694, 695, 696, 697, 698, 699, 700, **701**, 702, 703, 704, 705, 706, 707, 708, **709**, 710, 711, 712, 713, 714, 715, 716, 717, 718, **719**, 720, 721, 722, 723, 724, 725, 726, **727**, 728, 729, 730, 731, 732, **733**, 734, 735, 736, 737, 738, **739**, 740, 741, 742, **743**, 744, 745, 746, 747, 748, 749, 750, **751**, 752, 753, 754, 755, 756, **757**, 758, 759, 760, **761**, 762, 763, 764, 765, 766, 767, 768, **769**, 770, 771, 772, **773**, 774, 775, 776, 777, 778, 779, 780, 781, 782, 783,

この「数の星空」をしばらくながめてみると，気がつくことがいろいろあります。そもそも一等星のような素数の輝きは，自然数の中でどこまでもみられるのでしょうか。つまり，素数は無数に存在しているのかということが，素数についての素朴な疑問です。

　他にも気がつくことがあります。たとえば，3と5，5と7，11と13，17と19など，隣り合う奇数がともに素数であるように，素数が引き続き現れているところがあります。さらにながめていると，29と31，41と43，59と61などのペアがあります。このような2つの素数の組はまだまだたくさんありそうです。隣り合う奇数がともに素数である組は無数にあるのだろうか，という疑問が浮かびます。

　今度は隣り合う3つの奇数が素数になっているところを探すと，3と5と7があります。しかし，このような3つの組はこのあと見当たらないようです。

　では，5と7と11，7と11と13，11と13と17，13と17と19のように素数の間隔が2と4，あるいは4と2となっているような3つの素数の組はどうでしょうか。こちらは他にもみつかります。

　一方，素数113の次の素数は14個目に127が現れています。このように素数の間隔が大きいものもあり，この間隔はどれくらい大きくなるかという疑問も浮かんできます。そして素数は何の規則もなく現れているかのように感じます。

　上にあげた疑問を整理すると，以下のようになります。

(1) 素数は無数に存在しているか。
(2) 3と5，5と7，11と13のように隣り合う奇数がと

もに素数である組は無数に存在しているか。
(3) 3と5と7のように3つの隣り合う奇数が素数である組は他に存在しているか。
(4) 5と7と11，7と11と13，11と13と17などのように，素数の間隔が2と4，4と2であるような素数の組は無数に存在するか。
(5) 素数の間隔はどれくらい大きくなりうるか。

(1)の，素数が無数に存在するかという問題が本書のひとつのテーマです。まず素数そのものが無数に存在することは，古代ギリシャの数学者ユークリッドが著書『原論』の中で述べています。あとでこのユークリッドのすばらしい証明を紹介します。

(2)〜(5)は素数がどのように散らばっているかという問題で，とくに素数と素数の間隔についての問題です。この興味ある問題をしばらく考えてみましょう。

1.2 素数の間隔

隣り合った奇数がともに素数である組を**双子素数**といいます。双子素数は無数に存在するだろうと考えられていますが，私たちはまだそれが真実であるかどうかを知りません。

双子素数は素数間の差が2の素数の組ですが，では差が4の素数の組は存在するのでしょうか。さらに差が6の素数の組は存在するのでしょうか……，というように思いは広がっていきます。差が4の連続する素数の組を探してみると，7と11，13と17，19と23，37と41，……，差が6

の連続する素数の組は 23 と 29, 31 と 37, 47 と 53, ……というようにみつかります。しかし，これらの組が無数にあるかどうかはさらに未知の世界です。ポリニャック (1817-1890) は

> すべての偶数 $2k$ に対して，差が $2k$ の連続する素数の組は無数に存在する

と予想しています。

3, 5, 7 のように隣り合う 3 つの奇数がすべて素数である組は，他にはありません。これは，$n > 3$ のとき n, $n+2$, $n+4$ のどれか 1 つは必ず 3 の倍数になって素数ではないからです。

だから，5, 7, 11 や 7, 11, 13 のように素数の間隔が 2 と 4，あるいは 4 と 2 であるような素数の組に意味があり，これらの素数の組を**三つ子素数**といいます。三つ子素数も無数に存在するだろうと考えられています。このように「数の星空」をながめていると，いろいろな数のロマンに思いを馳せることができますが，それらの答えは暗黒の彼方にあります。

さらに「数の星空 (14–15 ページ)」をながめて，素数の間隔をみてみましょう。

すでにみたように，差が 6 である連続する素数の組は $(23, 29), (31, 37), (47, 53)$ などがあります。さらにながめていくと，差が 8 の $(89, 97)$ があり，さらに差が 14 の $(113, 127)$, 差が 18 の $(523, 541)$ があります。「数の星空」で「みえる範囲」ではこれが最大の差のようです。では，もっと視野を広げると，素数の間隔はどれくらい大きくなるのでしょ

うか。次の100個の数を考えます。

$$101! + 2,\ 101! + 3,\ 101! + 4, \cdots,\ 101! + 101$$

ここで $n!$ は n 以下のすべての自然数の積を表します。つまり，

$$n! = n(n-1)(n-2) \cdots 3 \cdot 2 \cdot 1$$

です。上の100個の連続する自然数はどれも素数ではありません。なぜなら，$101! + k\ (2 \leqq k \leqq 101)$ はすべて k で割り切れるからです。同様に，

$$1001! + 2,\ 1001! + 3,\ 1001! + 4, \cdots,\ 1001! + 1001$$

の1000個の自然数はどれも素数ではありません。一般にどのような大きな自然数 n をとっても

$$(n+1)! + 2,\ (n+1)! + 3,\ (n+1)! + 4, \cdots,\ (n+1)! + (n+1)$$

の n 個の自然数はどれも素数ではなく，素数の存在しないいくらでも長い区間が存在することになります。

さらに話を進めるために，n 番目の素数を p_n と書くことにします。具体的には，

$$p_1 = 2,\ p_2 = 3,\ p_3 = 5,\ p_4 = 7, \cdots$$

です。p_n が n の簡単な式で表すことができれば，素数の分布は完全にわかることになりますが，そのような式は現時点でみつかっていませんし，存在するかどうかもわかりません。

ある素数 p_n と次の素数 p_{n+1} の差を d_n と表します。つまり，$d_n = p_{n+1} - p_n$ です。そうすると，双子素数は $d_n = 2$

となる 2 つの素数の組 (p_n, p_{n+1}) であるということができます。ポリニャックの予想は,どのような偶数 $2k$ に対しても $d_n = 2k$ となるような素数の組 (p_n, p_{n+1}) が無数に存在するという予想であるということができます。また前ページで示したように, d_n はいくらでも大きくなり得ます。では,もう少し詳しく $d_n = p_{n+1} - p_n$ の値を調べてみましょう。

$$d_1 = p_2 - p_1 = 3 - 2 = 1$$
$$d_2 = p_3 - p_2 = 5 - 3 = 2$$
$$d_3 = p_4 - p_3 = 7 - 5 = 2$$
$$d_4 = p_5 - p_4 = 11 - 7 = 4$$
$$d_5 = p_6 - p_5 = 13 - 11 = 2$$
$$d_6 = p_7 - p_6 = 17 - 13 = 4$$
$$d_7 = p_8 - p_7 = 19 - 17 = 2$$
$$d_8 = p_9 - p_8 = 23 - 19 = 4$$
$$d_9 = p_{10} - p_9 = 29 - 23 = 6$$

素数の分布が不規則にみえるということは, d_n の値も不規則であるということになります。しかし,一見不規則と思える中にも法則性がみえてきます。上の例をじっくりながめると,

$$d_n = p_{n+1} - p_n < p_n$$

が成り立っているようです。つまり, d_n は p_n 以上にはならないようです。これは変形すると, $p_{n+1} < 2p_n$ となり

ます。

もう少し大きいところをみると

$$d_{30} = p_{31} - p_{30} = 127 - 113 = 14$$
$$d_{31} = p_{32} - p_{31} = 131 - 127 = 4$$
$$d_{32} = p_{33} - p_{32} = 137 - 131 = 6$$
$$d_{33} = p_{34} - p_{33} = 139 - 137 = 2$$
$$d_{34} = p_{35} - p_{34} = 149 - 139 = 10$$

となって,やはり $d_n < p_n$ は成り立っています。

わずかの例だけでは判断できませんが,上の例をみると,$n = 1, 2, \cdots, 9$ のときの d_n と p_n の値,$n = 30, 31, \cdots, 34$ のときの d_n と p_n の値について,もちろん $d_n < p_n$ が成り立っているのですが,後者のほうが,p_n に比べて d_n が小さいことに気がつきます。

実は,$\dfrac{d_n}{p_n}$ の値は n が大きくなれば次第に小さくなり,0 に近づいていくことが知られています。また,d_n の値は増えたり減ったりしています。これについて,$d_n < d_{n+1}$ が成り立つ n の値も $d_n > d_{n+1}$ が成り立つ n の値も無数に存在することがわかっています。

逆に,未解決である予想として,

$n \geqq 1$ のとき,$\sqrt{p_{n+1}} - \sqrt{p_n} < 1$

があり,**アンドリカの予想**と呼ばれています。また,

$$\lim_{n \to \infty} (\sqrt{p_{n+1}} - \sqrt{p_n}) = 0$$

となることも予想されています。この予想が正しければ,十分大きい n に対してアンドリカの予想が導かれます。

1.3 素数の個数

「数の星空」をみながら,今度は素数の個数を数えてみましょう。10 以下の素数の個数は 2, 3, 5, 7 の 4 個です。100 以下の素数の個数は 25 個あります。そして,このことを記号で $\pi(10) = 4$, $\pi(100) = 25$ と表します。一般に,自然数 n 以下の素数の個数を $\pi(n)$ と表します。

π は円周率の記号として使われていますが,素数の個数を表す場合も,このように通常 π が使われます。ニールセンという数学者が著書 (1906 年) の中で使ったのが最初で,それから広く使用されるようになりました。素数をドイツ語で Primzahl といいますが,頭文字の p に相当するギリシャ文字 π をあてたと思われます。

素数がどのように散らばっているかをみるために,n を 100 ずつ区切って,素数の個数を数えると,次のようになります。

n	1~100	101~200	201~300	301~400
素数の個数	25	21	16	16
n	401~500	501~600	601~700	701~800
素数の個数	17	14	16	14
n	801~900	901~1000	1001~1100	1101~1200
素数の個数	15	14	16	12
n	1201~1300	1301~1400	1401~1500	1501~1600
素数の個数	15	11	17	12

この表をみると,素数の分布は不規則で法則性が見出せないように感じます。しかし,「数の星空」の中にある素数をじっくりながめてみると,素数の個数について,いろいろなことに気づくかもしれません。ここでは,n 以下の素数の個数と,その倍の範囲である $2n$ 以下の素数の個数を比べて,何か法則性が見出せるか調べてみましょう。

いくつかの自然数 n について,n 以下の素数と $2n$ 以下の素数の個数について調べると,

$$\pi(2) = 1 : \pi(4) = 2, \quad \pi(3) = 2 : \pi(6) = 3$$
$$\pi(4) = 2 : \pi(8) = 4, \quad \pi(5) = 3 : \pi(10) = 4$$

となっています。

さらに調べてみると,どうやら $\pi(n) < \pi(2n)$ が,すべての n に対して成り立っているようです。$\pi(n) \leqq \pi(2n)$ は当然成り立つ関係ですが,$\pi(n) < \pi(2n)$ は,

n と $2n$ の間に少なくともひとつの素数が存在する

ということを示していて,決して当たり前のことではありません。素数の間隔がいくらでも大きいところがある一方,n と $2n$ との間に必ず素数が存在するというのは一見相反するようにも思えます。

しかし,どんな自然数 n に対しても,このことが成り立つのではないかとベルトランが予想をしたことを受けて,この予想は**ベルトランの仮説**と呼ばれました。そしてその後,チェビシェフ (1821–1894) が正しいことを証明したので,**チェビシェフの定理**と呼ばれています。その後,エルデシュ (1913–1996) が簡明な証明を与えています。

チェビシェフは整数論，確率論などの分野で研究をしていて，上記の定理のほか，確率の分野で使われるチェビシェフの不等式でも有名です。

前節で述べた $p_{n+1} < 2p_n$ は，このチェビシェフの定理と同値であることが証明できます。簡単にできるので証明しておきましょう。

$p_{n+1} < 2p_n$ を仮定します。自然数 x に対し，x を超えない最大の素数を p_n とおくと，

$$p_n \leqq x < p_{n+1} < 2p_n \leqq 2x < 2p_{n+1}$$

が成り立ちます。x と $2x$ の間に素数 p_{n+1} が存在するので，$\pi(x) < \pi(2x)$ となります。逆に，$\pi(x) < \pi(2x)$ ならば，$x = p_n$ として，p_n と $2p_n$ の間に少なくともひとつ素数が存在することがわかります。したがって，$p_{n+1} < 2p_n$ となります。

また，$\pi(n^2) < \pi((n+1)^2)$ であること，つまり連続する2つの平方数 n^2 と $(n+1)^2$ の間に必ず素数が存在することが予想されていますが，未解決の難問です。

$\pi(n)$ に関してもうひとつの性質を見出すために，一定の長さ m の区間に含まれる素数の個数を調べましょう。数式で表すと $\pi(n+m) - \pi(n)$ の値を調べる問題になります。

$m = 15$ の場合について調べてみましょう。

$$\pi(10+15) - \pi(10) = 9 - 4 = 5$$
$$\pi(11+15) - \pi(11) = 9 - 5 = 4$$
$$\pi(12+15) - \pi(12) = 9 - 5 = 4$$
$$\pi(13+15) - \pi(13) = 9 - 6 = 3$$

もう少し n が大きいところをみると

$$\pi(25+15) - \pi(25) = 12 - 9 = 3$$
$$\pi(26+15) - \pi(26) = 13 - 9 = 4$$
$$\pi(27+15) - \pi(27) = 13 - 9 = 4$$
$$\pi(28+15) - \pi(28) = 14 - 9 = 5$$
$$\pi(29+15) - \pi(29) = 14 - 10 = 4$$

となります。

ここにどのような法則が見出せるでしょうか。この例では，$\pi(n+15) - \pi(n) \leqq 5$ となっていることが観察できます。そして $\pi(15) = 6$ なので

$$\pi(n+15) - \pi(n) \leqq \pi(15)$$

つまり

$$\pi(n+15) \leqq \pi(n) + \pi(15)$$

が成り立っているようです。そして，これが $m = 15$ 以外の m に対しても成り立っているかという問題が浮かび上がります。このことをさらに一般にして，数式で表すと

$$\pi(n+m) \leqq \pi(n) + \pi(m)$$

という不等式になります。実は，この不等式は成り立つだろうと予想されていて，この予想を**ハーディ・リトルウッドの予想**といいます。しかし，この予想もまだまだ手の届かないところにあり，素数分布の大きな問題のひとつです。ハーディ (1877–1947) とリトルウッド (1885–1977) はイギリスの数学者で，素数分布の問題をはじめとして解析的整

数論の分野で優れた研究をしています。

先に双子素数，三つ子素数が無数にあるだろうかという問題を紹介しました。これをさらに発展させて，四つ子素数，五つ子素数，……というものも考えられます。

どのようにこれらの素数を定義するかを述べないと具体的なことはいえませんが，これらの素数の一般化として **k 組素数**というものが考えられています。$k=2$ の場合が双子素数です。k 組素数は無数に存在するだろうと予想されていますが，驚いたことに，この予想とハーディ・リトルウッドの予想が同時には成り立たないことが証明されています。

連続する 2 つの平方数の間に素数が存在するという予想を紹介しましたが，これは，

$$\pi((n+1)^2) > \pi(n^2)$$

と書けました。あるいは，$n \geq 2$ に対して，

$$\pi(n^2) > \pi((n-1)^2)$$

と書くこともできます。さらに，

(1.1) $n \geq 2$ に対して，$\pi(n^2+n) > \pi(n^2) > \pi(n^2-n)$

が成り立つことも予想されていて，**オパーマンの予想**といいます。$(n+1)^2 > n^2+n$ なので，オパーマンの予想が正しければ，2 つの平方数の間に素数が存在するという予想が導けることは式の形からわかります。

さらに，オパーマンの予想の不等式を変形すると，連続する 2 つの平方数の間に少なくとも 2 個の素数が存在するこ

とが導けます。オパーマンの予想の右側の不等式は, $n \geqq 2$ のすべての自然数 n に対して成り立つので, 自然数 $n+1$ に対しても成り立ちます。したがって, (1.1) 式の右側の不等式より,

$$\pi((n+1)^2) > \pi((n+1)^2 - (n+1))$$

がいえ, さらに (1.1) 式の左側の不等式を使って,

$$\pi((n+1)^2 - (n+1)) = \pi(n^2+n) > \pi(n^2)$$

となります。

したがって,

$$\pi((n+1)^2) > \pi(n^2+n) > \pi(n^2)$$

となりますが, これより $\pi((n+1)^2) \geqq \pi(n^2+n)+1 \geqq \pi(n^2)+2$, つまり,

$$\pi((n+1)^2) - \pi(n^2) \geqq 2$$

がいえて, n^2 と $(n+1)^2$ の間に少なくとも 2 個の素数が存在することになります。

オパーマンの予想からはさらに, 連続する 2 つの素数の平方の間に少なくとも 4 個の素数が存在することが示せます。

2 と 3 を除き, 連続する 2 つの素数を p_m, p_{m+1} とすると, $p_{m+1} \geqq p_m + 2$ より

$$p_{m+1}^2 \geqq (p_m+2)^2 > (p_m+1)^2 > p_m^2$$

が成り立ちます。連続する 2 つの平方数の間に少なくとも 2 個の素数が存在することがオパーマンの予想からいえているので, p_m^2 と $(p_m+1)^2$ の間に少なくとも 2 個の素数

が存在します。$(p_m+1)^2$ と $(p_m+2)^2$ の間にも少なくとも 2 個の素数が存在するので，p_m^2 と p_{m+1}^2 の間に少なくとも 4 個の素数が存在することがいえます。

つまり，オパーマンの予想を仮定すると，$m \geqq 2$ のとき，

$$\pi(p_{m+1}^2) - \pi(p_m^2) \geqq 4$$

が成り立ちます。この予想を**ブローカルの予想**といいます。

1.4 数の星空全体を見渡すと

素数の個数がどれくらいあるかを調べてみると，次のようになります。

n	$\pi(n)$	$\pi(n)/n$
10	4	1/2.5
100	25	1/4
1000	168	1/5.95
10000	1229	1/8.14
100000	9592	1/10.43
1000000	78498	1/12.74
10000000	664579	1/15.05

この表をみて，素数全体の個数についての法則性を見出すことは非常に困難です。しかし，ガウス (1777–1855) は 15 歳か 16 歳ぐらいのとき，多くの数値計算をして，素数の個数についてのある事実に気づきました。

素数はだんだんまばらになっていくので，素数の割合

$\dfrac{\pi(n)}{n}$ の分子を 1 にしたときの分母は次第に大きくなっていきますが,その変化のようすに規則性があり,$\log n$ に近い値になります。このことからガウスは,自然数 n が素数である確率がほぼ $\dfrac{1}{\log n}$ であると考えました。ここで $\log n$ は自然対数と呼ばれる関数で,第 4 章で説明しますが,今のところは「n が素数である確率が非常にゆっくりと増加する関数の逆数に近い」と理解してもらえれば十分です。

このことから,$\pi(n)$ の値が $\dfrac{n}{\log n}$ に近いことがいえます。n の値が大きくなればなるほど,両者は近くなってきます。先の表でいえば,

$$\log 10^{k+1} - \log 10^k = (k+1)\log 10 - k\log 10 = \log 10$$

であることから,桁がひとつ増えるごとに分母の増え方は $\log 10 = 2.30\cdots$ となっていきます。実際,

$$4 - 2.5 = 1.5, \qquad 5.95 - 4 = 1.95,$$
$$8.14 - 5.95 = 2.19, \qquad 10.43 - 8.14 = 2.29,$$
$$12.74 - 10.43 = 2.31, \qquad 15.05 - 12.74 = 2.31$$

となります。

ガウスの予想が正しいことは,ずっと後の 1896 年にアダマール (1865–1963) とド・ラ・バレ・プッサン (1866–1962) によって独立に証明されました。この事実は,**素数定理**と呼ばれています。非常に不規則な現れ方をする素数ですが,数の星空全体を見渡すと,顕著な姿を私たちの前に現してく

れているのです。これも，素数分布の不思議のひとつです。

1.5 形ある素数 「数の星座」

夜空の星をながめると，一群の星の集まりが形をなしています。古代の人々は，これらに名前をつけて呼びました。双子座，白鳥座などの星座です。同じように，「数の星空」にも一群の数の集まりが形をなしているものがあります。いわば「数の星座」をながめてみましょう。

ピタゴラスは**完全数**という特徴のある数を考えました。

$$6, 28, 496, 8128, \cdots$$

が完全数です。これは

$$6 = 1+2+3, \quad 28 = 1+2+4+7+14$$

のように，自分自身以外の約数の和になっている自然数です。第3章でもふれますが，ユークリッドは『原論』の中で，完全数について「もし単位から始まり順次に1対2の比をなす任意個の数が定められ，それらの総和が素数になるようにされ，そして全体が最後の数にかけられてある数をつくるならば，その積は完全数であろう」(中村幸四郎他訳)と述べています。つまり，次の定理を示しています。

n を自然数とする。$1+2+2^2+\cdots+2^{n-1} = 2^n-1$
が素数ならば，$2^{n-1}(2^n - 1)$ は完全数である

たとえば，$n=2$ のときは，

$$2^{n-1}(2^n - 1) = 2^1(2^2 - 1) = 2 \cdot 3 = 6$$

となり，$n = 3$ のときは，

$$2^{n-1}(2^n - 1) = 2^2(2^3 - 1) = 4 \cdot 7 = 28$$

となります。$n = 4$ のときは，$2^4 - 1 = 15$ は素数ではなく，$2^3(2^4 - 1) = 120$ は完全数ではありません。$n = 5$ のときは，

$$2^{n-1}(2^n - 1) = 2^4(2^5 - 1) = 16 \cdot 31 = 496$$

のように完全数が求まります。

　この定理より，$2^n - 1$ の形の素数があれば，完全数がひとつ存在することになります。つまり，完全数の問題は $2^n - 1$ の形の素数の問題になります。この形の素数は，後にこの数を研究した数学者の名前にちなんで**メルセンヌ素数**と呼ばれています。このメルセンヌ素数が無数にあるかという問題も未解決の問題です。大きなメルセンヌ素数をみつけることは暗号のセキュリティとの関係で探索が続けられています。メルセンヌ素数が無数にあれば完全数も無数にあることになります。

　メルセンヌ (1588–1648) は 17 世紀のフランスの神学者で，フェルマー (1607–1665) やデカルト (1596–1650) などの数学者と親交をもっていました。ヨーロッパの数学者から手紙を受け取って，その内容を発展できそうな数学者に伝えるという役割を果たすことで，数学における重要な立場にいました。

　完全数に関して補足しておくと，ユークリッドが示したことの逆，つまり

> 偶数の完全数はすべて $2^n - 1$ が素数で
> $2^{n-1}(2^n - 1)$ の形をしている

ということが，18 世紀にオイラー (1707–1783) によって証明されました。これで偶数の完全数の形は完全に決定されたことになります。

では，奇数の完全数についてはどうでしょう。偶数と奇数が異なるだけですが，結果は大きく異なります。現在わかっているのは偶数の完全数のみで，奇数の完全数はひとつも発見されていませんし，存在するかどうかもわかっていません。

メルセンヌ素数は $2^n - 1$ という形の素数ですが，形を少し変えて，$2^m + 1$ という素数を考えるとどうでしょうか。実は $2^m + 1$ が素数なら $m = 2^n$ であることを示すことができ，$2^m + 1 = 2^{2^n} + 1$ となります。つまり，$2^{2^n} + 1$ の形の素数を考えることになります。

表 1.1: フェルマー素数 $2^{2^n} + 1$

n	2^n	$2^{2^n} + 1$
0	1	3
1	2	5
2	4	17
3	8	257
4	16	65537

表 1.1 に示すように，$2^{2^n} + 1$ の値は急速に大きくなっていきます。そしてこれらは，すべて素数です。フェルマーはこ

の形の数がすべて素数ではないかと期待し，すべて素数値をとる式が見出されたと考えていました。$2^{2^n}+1$ の形の素数は**フェルマー素数**と呼ばれています。次の $2^{2^5}+1 = 2^{32}+1$ はさすがのフェルマーも素数であるかどうかの判定ができませんでした。ところが，これが素因数 641 をもつことをオイラーが見出し，残念ながらフェルマーの夢はここで終止符を打ちます。

ではフェルマー素数はいくつあるのでしょうか。この問題もいまだ謎のままです。$2^{2^n}+1$ の自然数は，n を大きくすると，きわめて大きな数になります。素因数分解が困難になることもあって，表 1.1 の 5 つ以外のフェルマー素数はまだひとつもみつかっていませんし，存在するかどうかもわかっていません。

$2^n - 1$ や $2^{2^n}+1$ などの，ある特定の形をした素数が無数にあるかどうかは一般に難しい問題です。

ここにあげた式は n が指数の形になっていますが，ではもっと簡単に n の 1 次式，たとえば $4n+1$ や $4n+3$ の形の素数が無数にあるだろうか，という問題が考えられます。

1 次式の次は 2 次式になりますが，たとえば n^2+1 という 2 次式の中に素数は無数に存在するのだろうかというと，これはまた手のつけようがない難問で，現代数学の力をもってしても手の届かないところにあります。現代数学の手が届くのは 1 次式の世界で，2 次式の世界はまだまだ暗黒の彼方にあるのです。

第 2 章　素数の無限性(1)
〜ユークリッドのしらべ

ユークリッド

Euclid (=Eukleidēs)

ユークリッドは古代ギリシャの数学者ですが、どのような人物であったかはほとんどわかっていません。ただ、ユークリッドの著した『原論』がギリシャ数学の集大成と考えられ、その記述のスタイルが後の数学の規範になったことで、その名を残しています。一人の数学者ではなく、複数の数学者の集団であったという説がありましたが、今はあまりいわれていません。

B.C. 300 年頃にアレクサンドリアで活躍したと考えられていて、生没年は B.C. 330 頃〜275 年頃とされていることが多いのですが、これは、アレクサンドロス大王 (B.C. 356–323) の死後、エジプト王を称したプトレマイオス 1 世 (B.C. 367–282) が、幾何学を学ぶ簡単な方法はないかとユークリッドに訊ねたところ、「数学には王道はない」と答えたという逸話からきているようです。

このことから、ユークリッドはプトレマイオス 1 世の在位中にアレクサンドリアにいたと推測されてきました。しかし、アレクサンドロス大王とメナイクモスという数学者にも同じエピソードが伝えられているので、信憑性のほどはわかりません。

また、ユークリッドが活躍したのは B.C. 250 年頃であるとも考えられています。その理由は、アルキメデスは B.C. 212 年にローマがシラクサを占領した際に亡くなりましたが、その時点ですでに老人であったこと、そしてアルキメ

デスの著作にはユークリッドの名前が出てこないことがその理由です。ユークリッドが活動した時期が B.C. 300 年頃であったなら，アルキメデスはユークリッドの『原論』を知っていたと考えられます。だから何らかの言及があってもよさそうなのに，それがないのは，ユークリッドがアレクサンドリアで活動した年代は B.C. 300 年より数十年後，アルキメデスとほぼ同時代の B.C. 3 世紀半ばであろうとも考えられるからです。

ユークリッドの『原論』は，タレス，ピタゴラスなどの先人が築いた幾何学の基礎を集大成し，体系づけたものですが，幾何学だけではなく，整数論や代数も相当に含まれています。もともと1冊の本ではなく，羊皮紙に綴られた13巻からなる書物です。数学は一見自明と思われることでも厳密に証明を積み重ねていくものと考えられていて，そのために，用語を明確に定義し，使用を認められた公理や公準だけから論理を積み重ねていくスタイルをとっています。

13巻の中で，7巻から9巻が整数論にあてられていて，7巻には素数や完全数の定義，ユークリッドの互除法，9巻に素数が無数にあることの証明，完全数の性質などが述べられています。整数論より前の巻は主として平面幾何，後ろの巻は無理数論および立体幾何になっています。

『原論』は後世に読み継がれ，中世ヨーロッパの大学では教養として学ばれ，19世紀にいたるまで教科書として用いられました。聖書と比べられるほどのベストセラーであったといえます。

2.1 古代バビロニアの数学と素数

古代バビロニアの数学については，巻末関連図書 [21] に詳しく書かれています．本節の内容は [21] に負っています．

古代バビロニアの数学は，かなりレベルの高いものがあったようです．その内容は粘土板から知ることができます．バビロニア人はさまざまな数表をつくって，それを利用して計算をしていました．古代バビロニアでは 60 進法が使われていました．どうして 60 進法かということについては，いろいろ理由が考えられていますが，現在でも時間や角度の単位に 60 進法のなごりがあります．

以下の表記は 60 進法の楔形(くさびがた)文字をアラビア数字で書き直したものですが，たとえば，3, 52, 30 のような表記は 60 進法表記で，10 進法に直すと，$3 \times 60^2 + 52 \times 60 + 30$ という数を表し，0; 3, 52, 30 のような表記は，10 進法で $3 \times \dfrac{1}{60} + 52 \times \dfrac{1}{60^2} + 30 \times \dfrac{1}{60^3}$ を表します．「計算好きのバビロニア人」というのは，バビロニアの数学のひとつの特徴を表すことばですが，計算好きなだけではなく，数それ自身への関心ももっていました．

素数に関するバビロニア人の関心は，いろいろなところでみられます．粘土板に素数の特性を使った練習問題が残っています．

たとえば平方根表の数値にもみられます．以下は，セレウコス朝時代の数学文書の中にある平方根の計算例です．

$$\sqrt{0; 0, 15, 0, 56, 15} = 0; 3, 52, 30$$

$$\sqrt{0;5,34,4,37,46,40} = 0;18,16,40$$
$$\sqrt{0;0,0,33,20,4,37,46,40} = 0;0,44,43,20$$

0.124 や 0.0124 を，小数点の位置を考慮せずに因数分解すると $124 = 2^2 \cdot 31$ になりますが，バビロニア人が素数をどのように使ったかをみるために，これらの平方根を，小数点の位置を考慮せずに，素因数分解すると

$$3,52,30 = 13950 = 2 \cdot 3^2 \cdot 5^2 \cdot 31$$
$$18,16,40 = 65800 = 2^3 \cdot 5^2 \cdot 7 \cdot 47$$
$$44,43,20 = 161000 = 2^3 \cdot 5^3 \cdot 7 \cdot 23$$

となります．さらに，古バビロニア時代の数学文書に次のような例があります．

$$\sqrt{22,24,26,40} = 36,40 \quad (= 2^3 \cdot 5^2 \cdot 11)$$
$$\sqrt{17,36;15} = 32;30 \quad (32,30 = 2 \cdot 3 \cdot 5^2 \cdot 13)$$
$$\sqrt{9,27,20,15,0} = 3,4,30 \quad (= 2 \cdot 3^3 \cdot 5 \cdot 41)$$
$$\sqrt{14,54,29;26,40} = 3,51;40 \quad (3,51,40 = 2^2 \cdot 5^2 \cdot 139)$$

これらの例はバビロニア人が平方根の計算を難しくするため，意識的に 7 以上の素数を用いたことを示すものと考えられます．バビロニア人による使用が確認されている 7 以上の素数は

7, 11, 13, 17, 19, 23, 29, 31, 41, 47, 59, 79, 83, 137, 139, 1481

です．最後の 1481 は，古バビロニア時代の学校用粘土板に記されているもので，正方形の 1 辺の長さを

$$\sqrt{2,2,2,2,5,5,4} = 1,25,34,8 \ (= 2^4 \cdot 13 \cdot 1481)$$

と計算しています。しかし，1481 という素数は，現代の私たちでもすぐに素数かどうかを判断できません。バビロニア人は，どのようにして素数を判定したのでしょうか。大きさの順に 1, 3, 5, 7, … と，奇数をひとつひとつ素数であるかどうかを調べた可能性もありますが，ある一定の計算手続きを確立し，それを繰り返し用いて，1481 もそのようにして得られたのではないかと考えられています。バビロニア人は，41 が素数であることは知っていたので，

$$1,0 \cdot n + 41$$

に $n = 1, 2, 3, \cdots$ として，順に素数かどうかを確認したのではないかと考えられます。ここで，1,0 は 60 進法表記です。10 進法に直すと，$1 \times 60 + 0 = 60$ なので，$1,0 \cdot n + 41$ は 10 進法で $60n + 41$ を表します。個々の n に対して，$1,0 \cdot n + 41$ が素数であるかどうかは，バビロニア人がつくっていたかけ算表を使えばチェックできるわけです。そうすると，n の値が

1, 4, 6, 7, 8, 10, 11, 12, 13, 14, 15, 17, 19,

21, 22, 24, 26, …

のときに素数が出てきて，$n = 24$ の場合が 1481 です。

この推測が正しければ，古代バビロニア人は $60n + 41$ という等差数列中の素数に注目していたことになり，非常に興味深いことです。

2.2 ふるい

ふるいの考えは，古代バビロニアにさかのぼるといわれていますが，古代ギリシャの数学者エラトステネス (B.C.275-194) は，現在**エラトステネスのふるい**と呼ばれている手法を考え出しました。

これは次のようなものです。100までの素数をみつけようと思えば，2から100までの自然数を書いて，まず2のあとにある2の倍数を消します。残っている最小の数は3で，3は素数になります。次に3のあとにある3の倍数を消します。そうすれば，消えていない最小の数は5で，5は素数です。次に5のあとにある5の倍数を消します。そうすると消えていない7が素数である……というように素数が求まります。この方法は単純ですが強力な方法です。

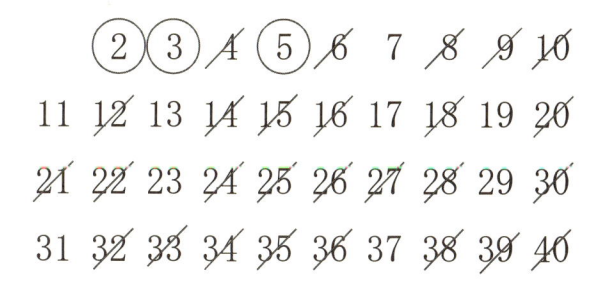

②　③　4̸　⑤　6̸　7　8̸　9̸　1̸0̸
11　1̸2̸　13　1̸4̸　1̸5̸　1̸6̸　17　1̸8̸　19　2̸0̸
2̸1̸　2̸2̸　23　2̸4̸　2̸5̸　2̸6̸　2̸7̸　2̸8̸　29　3̸0̸
31　3̸2̸　3̸3̸　3̸4̸　3̸5̸　3̸6̸　37　3̸8̸　3̸9̸　4̸0̸

図 2.1: エラトステネスのふるい

エラトステネスはB.C. 3世紀頃の人で，アレクサンドリア図書館の司書をしていて，この図書館にある何十万ものパピルスや羊皮紙の巻物を管理し，ふるいの方法だけでな

く，地球の周の長さや，地球から太陽や月までの距離を計算で求めたりしたことでも知られています。

現在は改良がなされ，いくつかのふるいの方法が考えられています。また素数判定の方法も研究がなされ，いろいろな判定法が考えられています。

2.3 素数が無数にあること

双子素数やメルセンヌ素数が無数にあるかという問題を紹介しましたが，そもそも素数そのものが無数に存在するかという問題があります。この問題に対して，ユークリッドは『原論』の中で「素数の個数はいかなる定められた素数の個数よりも多い」(中村幸四郎他訳)ことを証明しています。つまり，次の定理が証明されています。

定理 2.1 素数は無数に存在する。

このような定理が古代ギリシャ時代に証明されたことは驚くべきことです。さらに，ユークリッドは『原論』で，もうひとつ素数についての基本的な定理を述べています。

その定理「すべての合成数は何らかの素数に割り切られる」「すべての数は素数であるかまたは何らかの素数に割り切られる」「もしある数があるいくつかの素数に割り切られる最小の数であるならば，最初からそれを割り切る素数以外のいかなる素数にも割り切られないであろう」(中村幸四郎他訳)を現代の言葉でまとめると，次のようになります。

第2章 素数の無限性(1)〜ユークリッドのしらべ

> **定理 2.2** すべての自然数は素数の積で表される。そして，表し方は積の順序を除いて一通りである。

これは，すべての物質が原子でできているのと同じように，自然数は素数でできていることを主張しています。数学の基本となる性質で，**素因数分解の存在**と**一意性**と呼ばれています。自然数の素因数分解の存在と一意性は経験上明らかなことで，取り立てて定理として述べるほどの価値があるようには思えないでしょう。しかし，第4章，第5章で紹介するように，このことは整数論において根本的な役割を果たすことになるのです。

では，素数が無数にあることの証明をしましょう。

[定理 2.1 の証明]

素数が有限個しかないと仮定して矛盾を導きます。
素数が

$$p_1 = 2, \ p_2 = 3, \ p_3 = 5, \cdots, \ p_n$$

の n 個だけであると仮定して，$N = p_1 p_2 p_3 \cdots p_n + 1$ という数を考えます。N が素数であるとすると，$p_1, p_2, p_3, \cdots, p_n$ 以外に素数が存在することになり，矛盾が生じます。したがって N は合成数になります。

一方，N の形から，N を $p_1, p_2, p_3, \cdots, p_n$ のどれで割っても1余ることがわかるので，$p_1, p_2, p_3, \cdots, p_n$ は N の素因数にはなりません。したがって N を素因数分解したときの素因数のひとつを q とすると，q は $p_1, p_2, p_3, \cdots, p_n$ のどれとも一致しません。つまり，$p_1, p_2, p_3, \cdots,$

p_n 以外に素数が存在することになって，素数が n 個しかないという仮定に矛盾します．したがって，素数は無限に存在します． □

この証明はユークリッドによります．ユークリッドの証明は単に素数が無数にあるというだけでなく，具体的に素数をつくり出している点が優れています．ユークリッドの議論を具体的な数で書いてみましょう．

$p_1 = 2$ とすると，

$$2 + 1 = 3$$

で素数 3 が生じます．次に，

$$2 \cdot 3 + 1 = 7$$

で素数 7 が生じます．これを続けていくと，

$$2 \cdot 3 \cdot 7 + 1 = 43$$

で素数 43 が生じます．

$$2 \cdot 3 \cdot 7 \cdot 43 + 1 = 1807 = 13 \cdot 139$$

で素数 13 と 139 が生じます．小さいほうの 13 を選んで，

$$2 \cdot 3 \cdot 7 \cdot 43 \cdot 13 + 1 = 23479 = 53 \cdot 443$$

で素数 53 と 443 が生じます．

これを続けて，初めて現れる最小の素数を順にあげると，

2, 3, 7, 43, 13, 53, 5, 6221671,

38709183810571, 139, 2801, 11, 17, 5471, ⋯

となります。このように次々と新しい素数が生じるのですが、これを続けていったとき、すべての素数が現れるかどうかはわかっていません。

このように、素数が無数に存在することは早くから証明されていましたが、すでに述べているように双子素数やメルセンヌ素数のような特別な形をした素数が無数に存在するかどうかは、すべて未解決の難問です。

それでは、私たちに手の届く範囲の問題を考えてみましょう。まず、すべての自然数は奇数と偶数に分けられます。素数は無数にありますが、偶数の素数は 2 だけですから、奇数の素数が無数にあることがわかります。次に、すべての奇数は、4 で割って 1 余るか 3 余るかで、

$$1, 5, 9, 13, 17, 21, \cdots$$
$$3, 7, 11, 15, 19, 23, \cdots$$

の 2 つの数列に分けられます。そして、これらの数たちの中に素数は無数に存在するか、という問題が考えられます。奇数の素数は無数にあるので、少なくとも一方には素数が無数にあります。どちらに素数が無数にあるのでしょう。それとも両方の数列に素数が無数に含まれるのでしょうか。この問題について、次節以降で解き明かしていきたいと思います。

上の 2 つの数列のように等間隔で並んでいる数列を**等差数列**といいます。1 次式で表される数といってもかまいません。実際、上の数列はそれぞれ、$4n+1$, $4n+3$ と 1 次式で書けます。

では、これらの等差数列の中に存在している素数に注目

してみましょう。

2.4 等差数列

　等間隔に規則的に並んでいる数，つまり等差数列の中にある素数をみてみましょう。5から4ずつの間隔で並んでいる50以下の数を書くと，

　　5, 9, 13, 17, 21, 25, 29, 33, 37, 41, 45, 49

となります。この中に素数5, 13, 17, 29, 37, 41があります。この数列を続けて書いていったときに，素数が無数に現れてくるかという問題が本書のひとつのテーマです。まず，この等間隔に並んだ数列について解説します。

　等差数列のそれぞれの数を**項**といい，とくに最初の数を**初項**といいます。そして，隣り合った項の差を**公差**といいます。

　　5, 9, 13, 17, 21, $\cdots$

の初項は5，公差は4です。初項と公差がわかれば，等差数列は完全に決定できます。初項をa，公差をdとすると，

　　$a, a+d, a+2d, a+3d, \cdots$

となるので，n番目の数は$a+(n-1)d = dn+(a-d)$となってnの1次式です。これを等差数列の**一般項**といいます。

　等差数列の和の公式も簡単につくれます。ガウスが小学校低学年のとき，たし算の授業で1から100までの和を求

めるのに，以下のように求めたという逸話が残っています。
$1+2+3+\cdots+100$ を逆順に並べて，次のようにたすと，

$$
\begin{array}{r}
1 + 2 + 3 + \cdots + 98 + 99 + 100 \\
+)\ \ 100 + 99 + 98 + \cdots + 3 + 2 + 1 \\
\hline
101 + 101 + 101 + \cdots + 101 + 101 + 101
\end{array}
$$

となり，101 が 100 個並ぶので

$$101 \times 100$$

となり，これは求める和の 2 つ分だから

$$\frac{101 \times 100}{2} = 5050$$

のように求められます。一般的に書くと，

$$
\begin{array}{r}
a + a+d + \cdots + a+(n-1)d \\
+)\ \ a+(n-1)d + a+(n-2)d + \cdots + a \\
\hline
2a+(n-1)d + 2a+(n-1)d + \cdots + 2a+(n-1)d
\end{array}
$$

となって，a から n 番目の $a+(n-1)d$ までの和は

$$\frac{n\{2a+(n-1)d\}}{2}$$

となることがわかります。

---**等差数列の和の公式**---

初項 a, 公差 d の等差数列の和は,

$$a+(a+d)+\cdots+\{a+(n-1)d\} = \frac{n\{2a+(n-1)d\}}{2}$$

となる。

等差数列は代数的には何ら難しいところはなく, 完全によくわかった対象です。しかし, 等差数列を素数という観点からながめると, そこにはまったく違った世界が姿を現します。

2.5　等差数列中の素数

一般項が $4n+1$ の等差数列

5, 9, 13, 17, 21, 25, 29, 33, 37, 41, 45, 49, 53, $\cdots$

の中の素数をあげると

5, 13, 17, 29, 37, 41, 53, $\cdots$

と続きます。これらの素数は無数に存在するのでしょうか。また, 一般項が $4n+3$ の等差数列

7, 11, 15, 19, 23, 27, 31, 35, 39, 43, 47, $\cdots$

の中にある素数は

7, 11, 19, 23, 31, 43, 47, $\cdots$

と続きます。これらの素数も無数に存在するのでしょうか。

奇数は無数にあって $4n+1$, $4n+3$ のどちらかの形をしているので、素数は少なくともどちらかの数列の中に無数に存在することになります。実際にはどうかというと、どちらの数列にも素数が無数に存在することが証明できます。とくに、$4n+3$ の形の等差数列の中に素数が無数に存在することは、ユークリッドが素数が無数に存在することを証明したのと同様の方法で示すことができます。本書では、これらの等差数列の中に素数が無数に存在することを証明します。

本書では一般項が $4n+1$ や $4n+3$ の等差数列中の素数を考えますが、ことばの約束として、これらの素数を簡単に「$4n+1$ の素数」「$4n+3$ の素数」のように表現することにします。また、数列は通常、n が自然数の場合を考えますが、本書では $4n+3$ の素数に 3 を含めることにします。これにより、すべての奇数の素数が、$4n+1$ の素数と $4n+3$ の素数の 2 つに分類されます。

2.6 $4n+3$ の素数

この節では、$4n+3$ の素数が無数にあることを証明します。そのために、等差数列 $\{4n+3\}$ の各項の素因数にどのような特徴があるかを調べてみましょう。

次ページの表 2.1 をみて、どのようなことに気がつくでしょうか。太字で示した素数に注目してください。これらはすべて $4n+3$ の素数です。つまり、等差数列 $\{4n+3\}$ の各項の素因数分解に必ず $4n+3$ の素数が現れているようです。このことは正しく、次の定理 2.3 が成り立ちます。こ

表 2.1: $4n+3$ の形の自然数の素因数分解

n	$4n+3$
1	**7**
2	**11**
3	$15 = \mathbf{3} \cdot 5$
4	**19**
5	**23**
6	$27 = \mathbf{3}^3$
7	**31**
8	$35 = 5 \cdot \mathbf{7}$
9	$39 = \mathbf{3} \cdot 13$
10	**43**

の定理を使うと，$4n+3$ の素数が無数にあることが，ユークリッドの証明とまったく同じアイディアで証明できます．

定理 2.3 $4n+3$ の形の自然数 N の素因数のうち，少なくとも 1 つは $4n+3$ の素数である．

[証明] 背理法で証明します．N の素因数がすべて $4n+1$ の素数であるとします．それらの素因数の 2 つを $4a+1$, $4b+1$ とすると，

$$(4a+1)(4b+1) = 16ab + 4(a+b) + 1 \\ = 4(4ab + a + b) + 1$$

となり，$4n+1$ の形の数をかけ合わせるとまた $4n+1$ の

形の数になることがわかります。

したがって，もし N の素因数がすべて $4n+1$ の形の数であるなら N も $4n+1$ の形の数になり，N が $4n+3$ の形の自然数であることに矛盾します。

以上で，$4n+3$ の形の数 N の素因数の少なくともひとつは $4n+3$ の素数であることがいえました。　　□

では定理 2.3 を使って，$4n+3$ の素数が無数にあることを証明しましょう。

定理 2.4　$4n+3$ の素数は無数に存在する。

[証明]　$4n+3$ の素数が有限個しかないとして矛盾を導きます。3 より大きい有限個の $4n+3$ の素数を

$$p_1 = 7,\ p_2 = 11,\ p_3 = 19, \cdots, p_r$$

とし，$4n+3$ の素数が

$$3,\ p_1,\ p_2,\ p_3, \cdots, p_r$$

だけであると仮定します。

そして

$$N = 4p_1 p_2 \cdots p_r + 3$$

とします。このとき，N が素数であれば，$3,\ p_1,\ p_2,\ p_3,$ $\cdots,\ p_r$ 以外に $4n+3$ の素数が存在することになり矛盾します。したがって，N は素数ではありません。

一方，$4p_1 p_2 \cdots p_r$ は 3 で割り切れないので N は 3 で割

り切れません。また、3 が p_1, p_2, p_3, $\cdots$, p_r のいずれでも割り切れないので、N は p_1, p_2, p_3, $\cdots$, p_r のいずれでも割り切れません。したがって、N は 3, p_1, p_2, p_3, $\cdots$, p_r のいずれでも割り切れないので、これらの素数は N の素因数にはなりません。

定理 2.3 より、N には $4n+3$ の形の素因数が少なくともひとつ存在しますが、それは 3, p_1, p_2, p_3, $\cdots$, p_r のいずれとも異なります。よって、3, p_1, p_2, p_3, $\cdots$, p_r 以外に $4n+3$ の素数が存在することになり矛盾が生じます。

以上で、$4n+3$ の素数が無数にあることがわかりました。
□

2.7 $4n+1$ の素数

$4n+3$ の素数が無数に存在することがわかりました。$4n+1$ の素数も無数に存在することをいうために、等差数列 $\{4n+1\}$ の各項の素因数を調べてみましょう (表 2.2)。

素因数分解に現れる $4n+1$ の素数を太字で示しています。等差数列 $\{4n+3\}$ の表との違いがわかってもらえるでしょうか。等差数列 $\{4n+3\}$ のときは、どの項にも $4n+3$ の素数が素因数として現れていました。しかし、表 2.2 の $n=2,5,8$ の行をみると、$4n+1$ の素数が現れていません。実は 2 つの等差数列では、ここに本質的な違いがあるのです。

このことを式で示しましょう。

$4n+3$ の形の素因数 $4a+3$, $4b+3$ の積は

表 2.2: $4n+1$ の形の自然数の素因数分解

n	$4n+1$
1	**5**
2	$9 = 3^2$
3	**13**
4	**17**
5	$21 = 3 \cdot 7$
6	$25 = \mathbf{5}^2$
7	**29**
8	$33 = 3 \cdot 11$
9	**37**
10	**41**

$$(4a+3)(4b+3) = 16ab + 12a + 12b + 9$$
$$= 4(4ab + 3a + 3b + 2) + 1$$

となり,$4n+1$ の形になります.このように,偶数個の $4n+3$ の素因数の積は $4n+1$ の形の数になり,$4n+1$ の形の数 N の素因数に $4n+1$ の素数が存在するとは限りません.

定理 2.4 の $4n+3$ の素数の無限性の証明と同じように,$4n+1$ の素数 p_1, $\cdots$, p_n に対し,$N = 4p_1 p_2 \cdots p_n + 1$ という数を考えると,N が p_1, $\cdots$, p_n 以外の素因数 q をもつことは示せますが,q が $4n+1$ の素数であるかどうかはわかりません.したがって,$4n+1$ の素数が無数にあることはユークリッドの方法では解決できないのです.

$4n+1$ の素数が無数にあることをいうためには,さらに深い数の本質に迫らなければなりません.

このことは第3章で詳しく紹介します。

2.8 等差数列についての話題

等差数列 $\{4n+3\}$ の中に素数が無数に存在することをみました。ここでは，等差数列中の素数について，他の興味深い問題を紹介しましょう。

$$\{3, 5, 7\}, \quad \{5, 11, 17, 23, 29\}$$

のように，素数が等差数列をなして並んでいるものがあります。$\{3, 5, 7\}$ は初項3，公差2，項数3の素数だけからなる等差数列で，$\{5, 11, 17, 23, 29\}$ は初項5，公差6，項数5の素数からなる等差数列です。このように各項がすべて素数からなる等差数列について，エルデシュという数学者が，

　素数からなる等差数列で，いくらでも項数の多い
　ものが存在する

ということを予想しました。そして，2004年にグリーン (1977–) とタオ (1975–) という2人の数学者が，この予想が正しいことを証明しました。タオは2006年にフィールズ賞を受賞しましたが，この結果は授賞の対象となった業績のひとつです。しかし，存在が示せたことと，実際に求めることとは別の話です。2010年の段階で，項数が26の素数からなる等差数列がみつかっており，初項は京，公差は兆の単位の大きな数です。

数学では，存在を示すことと，具体的に求めることの間

にはしばしばギャップが生じます。たとえば，3次方程式 $x^3 - 3x - 3 = 0$ の実数解がひとつだけであることは，3次関数 $x^3 - 3x - 3$ を微分してグラフを書くと，x 軸と1点だけで交わることからすぐにわかりますが，その実数解を求めるのは，3次方程式の解の公式などの具体的な解法が必要です。

次は，連続する素数そのものが等差数列になっている問題です。

$$251,\ 257,\ 263,\ 269$$

$$1741,\ 1747,\ 1753,\ 1759$$

はそれぞれ，連続する素数が公差6の等差数列になっています。これらはいずれも項数が4ですが，このような連続する素数からなる，いくらでも長い等差数列が存在するのではないかと考えられています。項数5の最初の等差数列は，

$$30n + 9842989 \quad (1 \leqq n \leqq 5)$$

で，

$$30n + 121174781 \quad (1 \leqq n \leqq 6)$$

は，項数が6の等差数列です。そして，$5 \cdot 10^8$ までには，38個のちょうど5項からなる連続素数の等差数列があり，6項の等差数列は他にありません。

もう少し例をあげると，連続する素数が等差数列 $\{4n+1\}$, $\{4n+3\}$ の中にあります。たとえば，次の連続する16個の素数が $\{4n+1\}$ の中にあります。

$12270000 + 77,\ 101,\ 113,\ 133,\ 157,\ 169,\ 173,\ 197,$

217, 221, 229, 233, 241, 281, 301, 317

また，次の 16 個の連続する素数が等差数列 $\{4n+3\}$ の中に現れます．

95949000 + 311, 319, 323, 331, 379, 431, 439, 443,
463, 467, 499, 527, 551, 559, 599, 631

16 個の例をあげましたが，この連続する素数の個数がどこまで大きくなるかということも興味深い問題です．

別の面白い問題として，$4n+1$ の素数と $4n+3$ の素数のどちらが多いかという問題があります．$4n+1$ の素数も $4n+3$ の素数も無数にありますが，素数全体に占める $4n+1$ の素数の割合と $4n+3$ の素数の割合は等しいことが知られています．

等差数列 $\{an+b\}$ の中で，x 以下の素数の個数を $\pi(x;a,b)$ で表すことにすると，x の小さい値については $\pi(x;4,1) \leqq \pi(x;4,3)$ が成り立っていますが，$x = 26861$ で逆転します．そして，$x = 26879$ でふたたび $\pi(x;4,3)$ の値が大きくなり，$x = 616841$ でまた逆転して $\pi(x;4,1)$ の値が大きくなります．また，このような逆転が無限回起こることも証明されています．

等差数列中の素数の問題についていくつか紹介しました．素数という観点に立つと，等差数列は決して簡単な対象ではなく，まだまだわかっていないことが数多く存在している魅力的な対象なのです．

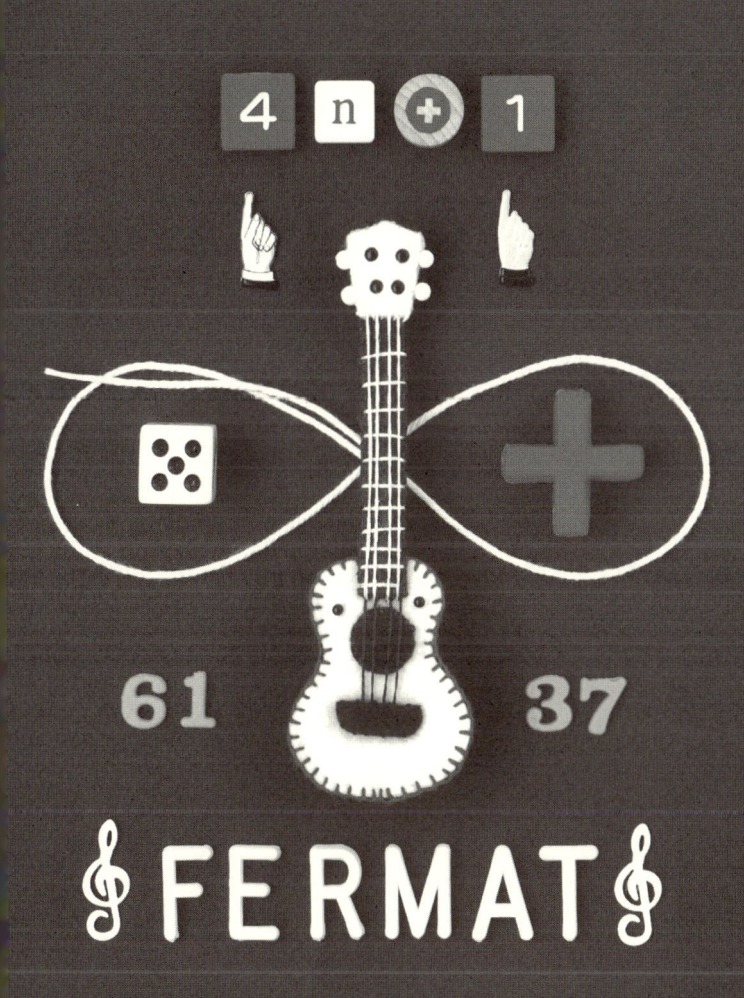

第 3 章 4n+1の素数
~フェルマーのしらべ

ピエール・ド・フェルマー (1607–1665)

Pierre de Fermat

　フェルマーの生年は 1601 年というのが通説でしたが，新しい文献によると 1607 年と考えられています。フランスのボーモン・ド・ロマーニュに生まれ，先駆的な研究を数多く残しています。法学を学んで，1631 年以降はトゥールーズ議会の議員となり，行政官として一歩を踏み出しましたが，仕事の暇をみては，もっぱら数学の研究を行いました。

　ディオファントス (246?–330?) の『数論』を読んで行った研究は整数論の進展の基礎となり，整数論の創始者の一人として数学史上に名を残しています。パスカル (1623–1662)，カヴァリエリ (1598–1647)，トリチェリ (1608–1647)，ホイヘンス (1629–1695)，メルセンヌ，デカルトなど，当時の著名な学者と交流がありました。

　フェルマーは自身の研究をまとめて大きな本を書くことはしていませんが，手紙で人に伝えたり，読んだ本の余白に書き込んだりしていました。20 世紀末にワイルズによって証明された「フェルマーの大定理」について，「自分はこれについて重要なことを見出したが，余白が狭くて書けない」ということばを残していることは有名です。整数論のその他の研究として，本章で紹介する「フェルマーの小定理」や「平方和の定理」を見出しています。

　また多角数について，「すべての自然数はたかだか m 個の m 角数の和で表される」ことを予想しています。さらに第 1 章で述べたように，フェルマー数と呼ばれる $2^{2^n}+1$

という形の数がすべて素数を表すのではないかと予想しました。しかし，のちに $n=5$ のときには素数でないことがオイラーによって示され，フェルマーの夢は破れ去ります。

　整数論以外のフェルマーの研究としては，アポロニウスの円錐曲線を研究して，解析幾何学を構築したことがあげられます。デカルトの解析幾何学より進んだ面がありましたが，フェルマーの生前には発表されず，後世に大きな影響を与えることはありませんでした。

　また，この研究を通して極大・極小の問題や接線の問題を研究し，微分積分学の先駆的な業績をあげました。パスカルとの文通を通して確率論にも寄与し，さらに光学の研究ではフェルマーの原理を見出したこともよく知られています。

3.1 $4n+1$ の素数の謎

2.6 節では，$4n+3$ の素数の無限性を証明しました。証明の鍵は，「$4n+3$ の形の自然数の素因数のうち，少なくともひとつは $4n+3$ の素数である」という事実でした。

一方，$4n+1$ の素数の無限性はユークリッドの方法では証明できませんでした。その理由は，「$4n+1$ の形の自然数の素因数に $4n+1$ の素数が含まれるとは限らない」ということにありました。では，$4n+1$ の素数が無数にあることはどのように示すことができるでしょうか。

実は，x^2+1 の形の自然数が，私たちの求める性質をもっていることが知られています。つまり，

x^2+1 の素因数は 2 または $4n+1$ の素数に限る

が成り立ちます。この法則を使って，$4n+1$ の素数が無数に存在することが導かれます。本章のテーマは，この x^2+1 の素因数についての法則です。この法則はガウスが「黄金定理」と呼んだ平方剰余の相互法則の特別な場合です。フェルマーの小定理と呼ばれる $x^p \div p$ の余りの法則を用いて，証明されます。

まず，x^2+1 の素因数についての法則をながめてみましょう。x^2+1 という，係数が 1, 0 の簡単な 2 次式にも，1 次式とは異なる，深い整数論が潜んでいることをみてください。

第3章 $4n+1$ の素数〜フェルマーのしらべ

表 3.1: x^2+1 の自然数の素因数分解

x	x^2+1
1	**2**
2	**5**
3	$10 = 2 \cdot 5$
4	**17**
5	$26 = 2 \cdot \mathbf{13}$
6	**37**
7	$50 = 2 \cdot 5^2$
8	$65 = 5 \cdot 13$
9	$82 = 2 \cdot \mathbf{41}$
10	**101**

表 3.1 の素因数分解に,素数

(3.1) $\qquad$ 2, 5, 13, 17, 37, 41, 101

が現れています。2 以外はすべて $4n+1$ の素数になっています。そして,表の中には $4n+3$ の素数は現れていません。

この現象について少し考えてみましょう。まず,x の値が奇数のときには,x^2+1 が偶数なので,2 が素因数として現れます。

3 や 7 や 11 のような $4n+3$ の素数は,上の表の中には現れていません。このあとも決して現れることがないのは,次の事実からわかります。

いま,ある x の値に対して,素数 p が x^2+1 の素因数であるとします。このとき,$x^2+1 = pm$ (m は自然数) とお

くと,

$$(x+p)^2 + 1 = (x^2+1) + 2px + p^2$$
$$= pm + 2px + p^2 = p(m+2x+p)$$

となって, p は $(x+p)^2+1$ の素因数になっています。このことを繰り返し使えば,

$$(x+2p)^2+1, \ (x+3p)^2+1, \ (x+4p)^2+1, \cdots$$

の素因数分解に p が現れることがわかります。つまり, 素数 p がある x の値に対して x^2+1 の素因数であるならば, 少なくとも p ごとの x の値に対して, p が素因数として現れることになります。同様に, $(x-p)^2+1 = p(m-2x+p)$ となり, このことを繰り返し用いれば,

$$(x-p)^2+1, \ (x-2p)^2+1, \ (x-3p)^2+1, \cdots$$

も, p で割り切れます。

これらのことをいいかえると, 連続する p 個の x の値に対して p が x^2+1 の素因数分解に現れなければ, p は決して現れないことになります。ですから,

> p が x^2+1 の素因数分解に現れるかどうかは, 連続する p 個の x の値に対して p が素因数として現れているかどうかをみればよい

ということがわかります。

このことを用いて, $4n+3$ の素数 3, 7, 11 が x^2+1 の素因数として現れないことを示しましょう。

$x = 1, \ 2, \ 3$ に対して, x^2+1 に 3 が素因数分解に現れ

ていないので、3 はこのあとも決して現れることはありません。また、$x = 1, 2, \cdots, 7$ に対して、7 が素因数分解に現れていないので、7 は現れないことがわかります。

同じように、$x = 1, 2, \cdots, 10$ では 11 は $x^2 + 1$ の素因数ではなく、さらに $x = 11$ のとき、$x^2 + 1 = 2 \cdot 61$ となって、11 は素因数になっていません。したがって、11 もこのあと現れることはありません。

なお、ここで使ったことは $x^2 + 1$ に限ったことではなく、一般の多項式についてもいえます。次の事実が成り立ちます。

定理 3.1 $f(x)$ を整数係数の多項式とする。$x = a$ のとき、素数 p が $f(a)$ の素因数分解に現れるならば、素数 p は $f(a+p)$ と $f(a-p)$ の素因数分解にも現れる。とくに、a を p で割った余りを r とするとき、素数 p は $f(r)$ の素因数分解に現れる。

[証明略]

定理 3.1 より、$x = 1, 2, \cdots, p$ に対して、$f(x)$ が p で割り切れなければ、すべての x に対して、$f(x)$ が p で割り切れないことがわかります。

以上の $x^2 + 1$ の素因数に関する観察から、次の定理が成り立つことが予想できます。

定理 3.2 x^2+1 の素因数分解に, 2 とすべての $4n+1$ の素数が現れ, $4n+3$ の素数はまったく現れない。

この定理は, **平方剰余の相互法則の第 1 補充法則**と呼ばれています。第 5 章で詳しく紹介しますが, ガウスが「黄金定理」と呼んだ平方剰余の相互法則の一部をなす法則です。平方剰余ということばは 5.4 節で説明しますので, とりあえず法則の名前として理解してください。以下, 簡単のために, 第 1 補充法則と呼びます。ガウスはこの法則について, 著書『整数論』の序文の中で次のように述べています。

> 私はそのころ, ある別の研究に没頭していた。ところが, そのような日々の中で, 私はゆくりなくあるすばらしいアリトメティカの真理 (もし私が思い違いをしているのでなければ, それは第 108 条の定理であった) に出会ったのである。私はその真理自体にもこの上もない美しさを感じたが, そればかりではなく, それはなおいっそうすばらしい他の数々の真理とも関連があるように思われた。そこで私は全力を傾けて, その真理が依拠している諸原理を洞察し, 厳密な証明を獲得するべく考察を重ねた。やがて私はついに望みどおりの成功を収めたが, そのころにはこのような研究の魅力にすっかり取り付かれてしまい, もう立ち去ることはできなかった。　　　　(高瀬正仁 訳 [29])

第3章 $4n+1$ の素数〜フェルマーのしらべ

ガウスが述べている第108条の定理というのが、この第1補充法則です。ガウスはこの定理を、17歳のときに証明しています。上記の述懐には、整数論の研究に魅力を感じたガウスの心情が現れています。

では、第1補充法則を使って、等差数列 $\{4n+1\}$ の中に素数が無数にあることを証明しましょう。

定理 3.3 $4n+1$ の素数は無数に存在する。

[証明] 背理法で示します。$4n+1$ の素数が有限個であると仮定して、それらを $p_1 = 5$, $p_2 = 13$, $\cdots$, p_r とおきます。そして、$N = 4(p_1 p_2 \cdots p_r)^2 + 1$ という数を考えると、N は $4n+1$ の形の自然数です。

N が素数であるとすると、$p_1, p_2, \cdots, p_r$ 以外に $4n+1$ の素数が存在することになり、矛盾が生じます。したがって、N は合成数です。

N の形から、N を $2, p_1, \cdots, p_r$ のいずれで割っても 1 余ることがわかります。N の素因数 q をひとつとると、q は $2, p_1, \cdots, p_r$ とは異なる素数になります。

しかし、N は $x^2 + 1$ の形の自然数だから、第1補充法則 (定理3.2) より、q は $4n+1$ の素数になります。これは、$4n+1$ の素数が $p_1, p_2, \cdots, p_r$ だけであることに矛盾します。

以上により、$4n+1$ の素数が無数にあることが示されました。 □

「数の星空」から，素数の分布や無限性について調べてきました。まず，素数は無数にありました。そして，奇数の素数を $4n+1$ の素数と $4n+3$ の素数にわけても，いずれも無数にあることがわかりました。無数に存在するという現象に着目すれば，$4n+1$ の素数と $4n+3$ の素数は同じです。

しかし，その理由を探ってみると，まったく違う方法で証明されています。証明された時代も，後者が紀元前であるのに対し，前者は1700年代と，約2000年のひらきがあります。

第4章で再び $4n+1$ の素数と $4n+3$ の素数の無限性を示しますが，そこでは共通の方法を用います。

このように素数をいろいろな見方で考えることによって，独自の個性が浮かび上がったり，あるいは，共通の個性がみつかったりします。素数が魅せる個性豊かな表情に出会うのが，整数論の愉しみです。

ではこのあと，第1補充法則の定理の証明と，$4n+1$ の素数と $4n+3$ の素数の個性が顕著に現れている平方和定理を紹介したいと思います。

3.2 フェルマーの小定理

第1補充法則を使って，$4n+1$ の素数が無数にあることを証明しました。この第1補充法則を証明したいのですが，深い定理なので，そんなに簡単には証明できません。どの証明も，数に潜む規則性を明らかにして得られています。

いろいろな証明がありますが，ここでは，フェルマーの

第3章 **4n+1の素数〜フェルマーのしらべ**

小定理を使った証明を紹介します。定理を述べる前に，規則性をながめてみましょう。

p を素数とするとき，$n^p \div p$ の余りを調べてみます。

まず，$p=2$ とします。$n=1, 2, 3, 4$ について，$n^2 \div 2$ を求めると，

$$1^2 \div 2 = 0 \cdots 1$$
$$2^2 \div 2 = 2 \cdots 0$$
$$3^2 \div 2 = 4 \cdots 1$$
$$4^2 \div 2 = 8 \cdots 0$$

と，余りに1と0が交互に現れます。奇数の平方は奇数，偶数の平方は偶数ですから，この規則性は説明ができます。

では，$p=3$ としましょう。$n=1, 2, 3, 4$ について，$n^3 \div 3$ を求めると，

$$1^3 \div 3 = 0 \cdots 1$$
$$2^3 \div 3 = 2 \cdots 2$$
$$3^3 \div 3 = 27 \div 3 = 9 \cdots 0$$
$$4^3 \div 3 = 64 \div 3 = 21 \cdots 1$$

となります。今度は1, 2, 0が繰り返されているようです。

さらに $n=5, 6, 7, 8$ について，$n^3 \div 3$ を求めると，

$$5^3 \div 3 = 125 \div 3 = 41 \cdots 2$$
$$6^3 \div 3 = 216 \div 3 = 72 \cdots 0$$
$$7^3 \div 3 = 343 \div 3 = 114 \cdots 1$$
$$8^3 \div 3 = 512 \div 3 = 170 \cdots 2$$

となります。確かに，1，2，0が繰り返されています。

$p=5$についても確かめてみましょう。$n=1, 2, 3, 4, 5$について，$n^5 \div 5$を求めると，

$$1^5 \div 5 = 1 \div 5 = 0 \cdots 1$$
$$2^5 \div 5 = 32 \div 5 = 6 \cdots 2$$
$$3^5 \div 5 = 243 \div 5 = 48 \cdots 3$$
$$4^5 \div 5 = 1024 \div 5 = 204 \cdots 4$$
$$5^5 \div 5 = 3125 \div 5 = 625 \cdots 0$$

となります。

以上のことから，nが1，2，… と増えるとき，$n^p \div p$の余りは1，2，…，$p-1$，0が周期的に繰り返されていることが予想できます。つまり，$n^p \div p$の余りは，$n \div p$の余りに一致しているようです。$n^p \div p$と$n \div p$の余りが等しいということは，$n^p - n$はpで割り切れるということです。実は，フェルマーの小定理と呼ばれている次の定理があります。

定理 3.4 pを素数とする。このとき，すべての自然数nに対して，$n^p - n$はpの倍数になる。また，nがpで割り切れないとき，$n^{p-1} - 1$がpの倍数になる。

この定理がフェルマーの小定理といわれているのは，フェルマーの大定理があるからです。それは，

nが3以上の自然数のとき，$x^n + y^n = z^n$を満た

す自然数 x, y, z は存在しない

という定理です。フェルマーが予想をしてから 350 年ものあいだ,多くの人の努力にもかかわらず未解決のままでしたが,1995 年,アンドリュー・ワイルズが苦心の末,弟子のテイラーとともに完全に解決しました。

第 1 章で述べたように,ユークリッドが『原論』の中で,

$2^n - 1$ が素数のとき,$2^{n-1}(2^n - 1)$ は完全数である

ことを示しました。では,

どのような n に対して $2^n - 1$ が素数になるか

という疑問が生じますが,フェルマーはこの問題を研究するうちに小定理 (定理 3.4) にたどり着きました。

フェルマー自身は,証明について何も書き残していません。ライプニッツ (1646–1716) は証明を公表しませんでした。最初に発表された証明はオイラーによります。

証明には,二項定理と数学的帰納法を用います。二項定理は多項式の展開の公式

$(x+1)^n = {}_nC_0 x^n + {}_nC_1 x^{n-1} + \cdots + {}_nC_{n-1} x + {}_nC_n$

です。係数 ${}_nC_r$ は

$${}_nC_r = \frac{n(n-1)\cdots(n-r+1)}{r(r-1)\cdots 1}$$

と表され,二項係数と呼ばれます。

数学的帰納法は，自然数 n についての命題 $P(n)$ が真であることを示す論法です。

$P(n)$ がすべての n について真であることを示すには，

(I) $n = 1$ のとき $P(1)$ が真である，

(II) $n = k$ のとき $P(k)$ が真ならば，$n = k+1$ のとき $P(k+1)$ も真である，

の 2 つを示せばよいという事実を指します。

(I) と (II) を組み合わせると，(I) より $P(1)$ が真，$n = 1$ とおいて，(II) を用いると，$P(2)$ も真，$n = 2$ とおいて，(II) を用いると，$P(3)$ も真と，ドミノ倒しのように $P(1)$，$P(2)$，$P(3)$，……が真であることがわかります。したがって，(I) と (II) が示されれば，$P(n)$ がすべての n について真になります。この論法は，パスカルによって最初に用いられたとされています。

[フェルマーの小定理 (定理 3.4) の証明]

$n^p - n = n(n^{p-1} - 1)$ で，p は素数なので，定理の後半は，前半より明らかです。定理の前半は二項定理で $n = p$ とします。

$$(x+1)^p = {}_pC_0 x^p + {}_pC_1 x^{p-1} + \cdots + {}_pC_{p-1} x + {}_pC_p$$

${}_pC_r$ は二項係数で，

$$ {}_pC_r = \frac{p(p-1)\cdots(p-r+1)}{r(r-1)\cdots 1} $$

と表されます。

$r \neq 0, p$ のとき,分子は p の倍数で,分母は p で割れないので, $_p\mathrm{C}_r$ は p の倍数になります。$r = 0, p$ のときは,

$$_p\mathrm{C}_0 = {_p\mathrm{C}_p} = 1$$

です。

したがって,

(3.2) $$(x+1)^p - (x^p + 1)$$

が p の倍数になります。

このことを利用して,数学的帰納法を用いて証明します。

(I) $n = 1$ のとき,

$$1^p - 1 = 0$$

は,p で割り切れます。

(II) $n = k$ のとき,$k^p - k$ が p で割り切れたと仮定します。$n = k + 1$ のときを考えると

$$(k+1)^p - (k+1) = (k+1)^p - (k+1) + k^p - k^p$$
$$= (k+1)^p - (k^p + 1) + k^p - k$$

となり,(3.2) 式と帰納法の仮定により,$(k+1)^p - (k+1)$ は p で割り切れます。

(I) と (II) により,すべての自然数 n に対して,フェルマーの小定理が成り立ちます。 □

フェルマーの小定理は,$n \leqq 0$ の場合にも成り立ちます。

また,ライプニッツは次のような多項定理を使った証明を与えています。多項定理とは

$$(x_1 + x_2 + \cdots + x_n)^p$$
$$= \sum_{i_1+i_2+\cdots+i_n=p} \frac{p!}{i_1! i_2! \cdots i_n!} x_1{}^{i_1} x_2{}^{i_2} \cdots x_n{}^{i_n}$$

という公式です。

[フェルマーの小定理 (定理 3.4) の別証明]

$\frac{p!}{i_1! i_2! \cdots i_n!}$ が p で割れないのは,i_1 から i_n のいずれかひとつが p となる場合です。この場合,残りの i_j は 0 になり,$\frac{p!}{i_1! i_2! \cdots i_n!} = 1$ となります。

したがって,

$$(x_1 + x_2 + \cdots + x_n)^p - (x_1{}^p + x_2{}^p + \cdots + x_n{}^p)$$

が p の倍数になります。$x_1 = x_2 = \cdots = x_n = 1$ を代入すると,

$$n^p - (1^p + 1^p + \cdots + 1^p) = n^p - n$$

が p の倍数になります。 □

p が素数のとき,n が p の倍数でなければ,フェルマーの小定理より,$n^{p-1} - 1$ は p で割り切れます。したがって,$n^{p-1} - 1$ が p で割り切れなければ p は合成数ということになります。

しかし,残念ながら逆は成り立ちません。$n^{p-1} - 1$ が p で割り切れても,p が素数であるとはいえないのです。そのような最小の数が $p = 561 = 3 \cdot 11 \cdot 17$ です。このようなフェルマーの小定理の逆が成り立たないような数は無数

にあることも証明されています。

フェルマーの小定理は，整数論や代数学の発展に大きな貢献を果たしています。

たとえば，素数pのかわりに，整数mで割った余りに関する定理(オイラーの定理)に一般化されています。また，pで割った余りに着目する考え方は，整数を整数mで割った余りの和差積商の規則性を見通しよく記述する数式，ガウスの合同式の導入につながります。

フェルマーの小定理はまた，暗号理論にも応用されています。

大きな素数をかけて合成数を作るのは簡単ですが，大きな自然数を素因数分解するのは簡単ではありません。論理的には誰でも素因数分解できますが，実用的にはそうはいきません。この状況を利用したのが公開鍵暗号(RSA暗号)で，フェルマーの小定理が使われます。フェルマーの小定理は，暗号理論にとっても欠かせない定理になっています。

3.3 第1補充法則の証明

いよいよ第1補充法則を証明しましょう。第1補充法則をもう一度書いておきます。

> **定理 3.2** x^2+1の素因数分解に，2とすべての$4n+1$の素数が現れ，$4n+3$の素数はまったく現れない。

ここでは，フェルマーの小定理を使った証明を紹介しま

しょう。

[証明] x が奇数のとき,2が素因数分解に現れます。

以下,p を奇数の素数とします。$x^p - x$ を $x^2 + 1$ で割って,

$$x^p - x = Q(x)(x^2 + 1) + ax + b$$

とおきます。x^2 の係数が1なので,商 $Q(x)$,余り $ax + b$ ともに,整数係数の多項式になります。

余り $ax + b$ を求めるために,$x^2 + 1 = 0$ の解 $x = i$ を代入します。ここで i は,虚数単位 $i = \sqrt{-1}$ です。

$Q(i)(i^2 + 1) = 0$ より,

$$i^p - i = ai + b$$

となります。

p が $4n + 3$ の素数のときは,$i^4 = 1$ より,$i^p = (i^4)^n i^3 = -i$ です。

これより

$$-2i = ai + b$$

となり,$a = -2$,$b = 0$ が得られます。そしてこのとき,

$$x^p - x = Q(x)(x^2 + 1) - 2x$$

となります。

$x = 1, 2, \cdots, p - 1$ のとき,p は奇数の素数だから,$-2x$ は p で割り切れません。フェルマーの小定理より,$x^p - x$ は p の倍数だから,$Q(x)(x^2 + 1)$ が p で割り切れないことがわかります。p は素数だから,$Q(x)$ と $x^2 + 1$ のいずれも p で割り切れません。また $x = p$ に対しては,$x^2 + 1$ は

p で割り切れません。

したがって，連続する p 個の x の値に対して，x^2+1 が p で割り切れないことがわかります。

以上により，p が $4n+3$ の素数のとき，p は x^2+1 の素因数分解に現れないことが示されました。

p が $4n+1$ の素数のとき，$i^p = (i^4)^n i = i$ より

$$0 = ai + b$$

となって，$a=b=0$ が得られ，

$$x^p - x = Q(x)(x^2+1)$$

となります。ここで，$Q(x)$ は整数係数の $p-2$ 次式で，最高次の係数は 1 になります。

x^2+1 の素因数に p が現れることを背理法で示します。$x = p$ のときは x^2+1 が p で割り切れないので，$x = 1, 2, \ldots, p-1$ に対して，x^2+1 が p の倍数でないと仮定して，矛盾を導きます。

x が自然数のとき，フェルマーの小定理より左辺 $x^p - x$ が p の倍数になるので，仮定より $Q(1), Q(2), \ldots, Q(p-1)$ が p の倍数になります。

剰余の定理：整式 $Q(x)$ を $x-k$ で割った余りは $Q(k)$ である

が成り立つので，$Q(x)$ を $x-1, x-2, \ldots, x-(p-1)$ で割った余りは p の倍数になります。そこで，$Q(x)$ を $x-1, x-2, \ldots, x-(p-1)$ で順に割ります。

$Q(x)$ を $x-1$ で割ると，

$$Q(x) = Q_1(x)(x-1) + a_0$$

と表されます。商 $Q_1(x)$ は整数係数の多項式です。次数は $Q(x)$ より 1 小さくなります。$Q(1) = a_0$ だから，a_0 が p の倍数になります。

次に，$Q_1(x)$ を $x-2$ で割ると，

$$\begin{aligned} Q(x) &= (Q_2(x)(x-2) + a_1)(x-1) + a_0 \\ &= Q_2(x)(x-1)(x-2) + a_1(x-1) + a_0 \end{aligned}$$

とおけます。商 $Q_2(x)$ は整数係数の多項式です。次数は $Q(x)$ より 2 小さくなります。$Q(2) = a_1 + a_0$ で，a_0 が p の倍数だから，a_1 が p の倍数になります。

以下，同様にして，最後は $Q_{p-3}(x)$ を $x-p+2$ で割って，$Q_{p-3}(x) = Q_{p-2}(x)(x-p+2) + a_{p-3}$ とおくと，

$$\begin{aligned} Q(x) =\ & Q_{p-2}(x)(x-1)(x-2)\cdots(x-p+2) \\ & + a_{p-3}(x-1)(x-2)\cdots(x-p+3) \\ & + \cdots \\ & + a_3(x-1)(x-2)(x-3) \\ & + a_2(x-1)(x-2) + a_1(x-1) + a_0 \end{aligned}$$

と表され，$Q(1)$, $Q(2)$, $\cdots$, $Q(p-2)$ が p の倍数であることより，a_0, a_1, $\cdots$, a_{p-3} は p の倍数になります。

また，$Q_{p-2}(x)$ は整数係数の多項式で，$Q(x)$ より次数が $p-2$ 小さくなります。$Q(x)$ の次数は $p-2$ であり，最高次の項の係数は 1 だから，$Q_{p-2}(x) = 1$ がわかります。

ここで，上の式に $x = p-1$ を代入すると，

$$Q(p-1) = (p-2)! + (p の倍数)$$

となります。ここで，$Q(p-1)$ は p の倍数なので，$(p-2)!$ が p の倍数であることになり，矛盾が生じます。

以上により，$p = 4n+1$ のとき，ある $x = 1, 2, \cdots, p-1$ に対し，$x^2 + 1$ が p の倍数であることが示され，第1補充法則の証明が完了しました。　　　□

3.4　ウィルソンの定理

前節でフェルマーの小定理を使って，第1補充法則を証明しましたが，より具体的に $x^2 + 1$ が素因数 p をもつときの x の値を求めましょう。**ウィルソンの定理**を用います。

定理を紹介する前に，現象を観察してみましょう。

$p!$ は p で割り切れますが，

$$(p-1)! \div p$$

を計算すると興味深い法則が現れます。そして，この法則が第1補充法則に関係してきます。

まず，素数 $p = 2, 3, 5, 7$ について，$(p-1)! \div p$ を計算してみましょう。

$$
\begin{aligned}
(2-1)! &= 1, & 1 \div 2 &= 0 \cdots 1 \\
(3-1)! &= 2, & 2 \div 3 &= 0 \cdots 2 \\
(5-1)! &= 24, & 24 \div 5 &= 4 \cdots 4 \\
(7-1)! &= 720, & 720 \div 7 &= 102 \cdots 6
\end{aligned}
$$

余りに着目してください。いずれの場合も，$p-1$ が余り

になっています。いいかえると，$(p-1)!+1$ が p で割り切れているといえます。

このことを述べたのがウィルソンの定理です。

定理 3.5 p を素数とするとき，$(p-1)!+1$ は p で割り切れる。

[証明略]

この定理にはウィルソンの名前がついていますが，ウィルソンの定理は，1770 年に，先輩・友人であるワーリングの著書で発表されました。しかし，同書中には証明は書かれていませんでした。

この定理はラグランジュ (1736–1813) の注意をひきました。ラグランジュはいくつかの新しい証明を発見し，逆が成り立つことも示しています。つまり，次の定理が成り立ちます。

n が素数であることと，n が $(n-1)!+1$ を割り切ることは同値である

この定理は，理論的には素数の判定条件を与えたことになりますが，$(n-1)!+1$ の計算が大変なので，有効な判定条件ではありません。

p を $4n+1$ の素数とするとき，第 1 補充法則 (定理 3.2) より，x^2+1 の素因数分解に p が現れるような x の値が存在します。ウィルソンの定理を用いると，この x の値を具体的に表すことができます。そのようすをみてみましょう。

$(p-1)!$ の定義より,
$$(p-1)! = 1 \cdot 2 \cdot 3 \cdots \frac{p-1}{2} \cdot \frac{p+1}{2} \cdots (p-1)$$
です。後半の積を計算します。まず
$$\frac{p+1}{2} \cdot \frac{p+3}{2} \cdots (p-1)$$
$$= \left(p - \frac{p-1}{2}\right)\left(p - \frac{p-3}{2}\right) \cdots (p-1)$$
と書きかえます。この式を展開すると, p の $\frac{p-1}{2}$ 次式になるので,
$$(p \text{ の倍数}) + (-1)^{\frac{p-1}{2}}\left(\frac{p-1}{2}\right)!$$
となり, ある整数 k に対して
$$\left(p - \frac{p-1}{2}\right) \cdots (p-1) = pk + (-1)^{\frac{p-1}{2}}\left(\frac{p-1}{2}\right)!$$
となります。

さらに, p が $4n+1$ の素数であるとき, $\frac{p-1}{2}$ は偶数なので, $(-1)^{\frac{p-1}{2}} = 1$ となって
$$\left(p - \frac{p-1}{2}\right)\left(p - \frac{p-3}{2}\right) \cdots (p-1) = pk + \left(\frac{p-1}{2}\right)!$$
となります。

ここで，$\left(\dfrac{p-1}{2}\right)! = x$ とおくと，

$$(p-1)! = x(pk+x) = x^2 + pkx$$
$$(p-1)! + 1 = x^2 + 1 + pkx$$

となります。ウィルソンの定理より $x^2+1+pkx$ が p の倍数になり，x^2+1 が p の倍数になります。以上で，$4n+1$ の素数 p は，$x = \left(\dfrac{p-1}{2}\right)!$ に対して x^2+1 の素因数分解に現れることがわかりました。

p を $4n+1$ の素数とします。上でみたように，$x = \left(\dfrac{p-1}{2}\right)!$ とおくと，x^2+1 が p で割り切れます。さらに，x を p で割った余りを r とおくと，定理 3.1 でみたように，r^2+1 の素因数に p が現れます。

このようすをみるために，実際に計算をしてみましょう。

表 3.2: x^2+1 が p の倍数になる x

p	$x = ((p-1)/2)!$	$r = x \div p$ の余り	r^2+1
5	2	2	**5**
13	720	5	$26 = 2 \cdot \mathbf{13}$
17	40320	13	$170 = 2 \cdot 5 \cdot \mathbf{17}$
29	87178291200	12	$145 = 5 \cdot \mathbf{29}$

$p=17$ の行に 40320，$p=29$ の行に 87178291200 とあるように，階乗の値はどんどん大きくなるので，直接 $x \div p$

を計算するのは大変です。そこで, r を求めるためには, 次のように p で割った余りにおきかえながら計算します。

$p = 17$ として説明します。まず, ある適当な数の階乗, たとえば $6! = 720$ から始めます。

$$720 \div 17 = 42 \cdots 6$$

となります。余りの6を7倍して, 6×7 を17で割ると, 余りは8となります。このとき, $7!$ を17で割った余りは8です。なぜならば,

$$7! = 7 \cdot 6! = 7(17k + 6) = 7 \cdot 17k + 42 = 17(7k + 2) + 8$$

となるからです。今度は, 余りの8を8倍して, 8×8 を17で割ると, 余りは13となります。これで, $8!$ を17で割った余り r が13と求まりました。

以上のようにすると, 階乗の値を計算しなくても, r を求めることができます。

3.5 フェルマーの小定理をめぐって

フェルマーはどうやって, 小定理 (定理3.4) を思いついたのでしょう。前にも少し書きましたが, この節では, 小定理の発見の経緯をもう少し詳しく紹介します。

$$6 = 1 + 2 + 3, \quad 28 = 1 + 2 + 4 + 7 + 14$$

のように, 自分自身以外の約数の和と等しい整数を完全数といい, ユークリッドの『原論』において, 次の定理が示されていることは第1章で述べた通りです。

> **定理 3.6** $2^n - 1$ が素数ならば,$2^{n-1}(2^n - 1)$ は完全数である。

ここで,このユークリッドの完全数についての定理を証明しましょう。

証明に等比数列の和の公式を使うので,それを復習しておきます。

数列

$$1,\ 2,\ 4,\ 8,\ 16,\ 32, \cdots$$

は,前の項に 2 をかけて次の項がつくられている数列です。このような数列を**等比数列**といい,一般的に書くと

$$a,\ ar,\ ar^2, ar^3, ar^4, \cdots$$

となり,等比数列のそれぞれの数を**項**,a を**初項**,r を**公比**といいます。

等比数列の初項から n 番目の項までの和

$$S_n = a + ar + ar^2 + ar^3 + \cdots + ar^{n-1}$$

は,次のように求まります。

$$S_n = a + ar + ar^2 + \cdots + ar^{n-1}$$
$$rS_n = ar + ar^2 + ar^3 + \cdots + ar^n$$

の辺々を引き算して,

$$(1-r)S_n = a(1-r^n)$$

となり,$r \neq 1$ のとき,

$$S_n = \frac{a(1-r^n)}{1-r}$$

となって等比数列の和の公式が求まります。

等比数列の和の公式

初項 a, 公比 $r \neq 1$ の等比数列の和は,

(3.3) $\quad a + ar + ar^2 + \cdots + ar^{n-1} = \dfrac{a(1-r^n)}{1-r}$

である。

$r = 1$ のときは, $ar^{n-1} = a$ だから, $S_n = an$ となります。

これを使って, 完全数の定理を証明します。

[証明] $2^{n-1}(2^n - 1)$ の (自分自身を含めた) 約数の和が $2 \cdot 2^{n-1}(2^n - 1)$ になることを示します。

$2^n - 1$ が素数なので, $2^n - 1 = p$ とおきます。$2^{n-1}p$ の約数は,

$$1,\ 2,\ 2^2, \cdots, 2^{n-1},\ p,\ 2p,\ 2^2 p, \cdots, 2^{n-1}p$$

の $2n$ 個あります。等比数列の和の公式を利用して総和を求めると,

$$(1 + 2 + 2^2 + \cdots + 2^{n-1}) + (p + 2p + 2^2 p + \cdots + 2^{n-1}p)$$
$$= (2^n - 1) + (2^n - 1)p = (2^n - 1)(1 + p)$$
$$= (2^n - 1)2^n = 2 \cdot 2^{n-1}(2^n - 1)$$

となります。

したがって,自分自身以外の約数の和が $2^{n-1}(2^n-1)$ となります。 □

ギリシャ人は4つの数, 6, 28, 496, 8128 が完全数であることの発見にとどまっていました。なぜならば,2^n-1 が素数であるための n の値を決定するのが困難だったからです。

フェルマーはこの問題に対して,有用な3つの命題を発見し,1640年6月にメルセンヌに送っています。

定理 3.7
(1) n が合成数ならば,2^n-1 は合成数である。
(2) p が奇数の素数ならば,p が $2^{p-1}-1$ を割り切る。
(3) p が奇数の素数,2^p-1 の素因数を q とおくと,
  $q = pk+1$ とかける。

---

(1) は簡単に説明できます。$n=rs$ ならば,

$$2^n - 1 = 2^{rs} - 1 = (2^r-1)(2^{r(s-1)}+2^{r(s-2)}+\cdots+2^r+1)$$

が成り立つからです。2^n-1 が素数のとき,この数をメルセンヌ素数と呼びましたが,(1) からメルセンヌ素数の問題は,2^p-1 が素数であるような素数 p を求める問題となります。

フェルマーは,(1)〜(3) を用いて,$2^{37}-1$ が $223 = 37\cdot 6+1$ で割り切れることを示しています。さらに,数ヵ月後にベルナール・フレニクル・ド・ベシーに宛てた手紙の中で,(2)(3)

を一般化して,フェルマーの小定理 (定理 3.4) を述べています。(2) は,フェルマーの小定理 (定理 3.4) の $n=2$ の場合にあたります。

このように,フェルマーは,完全数という古典的ともいえる問題を研究する過程で,フェルマーの小定理を導きます。n^p を p で割った余りに着目するという考えは独創的で,フェルマーの天才ぶりを示しています。そのぶん,初学者には自然な定理にみえにくいかもしれませんが,フェルマーは深く本質を見抜いています。その後,フェルマーの小定理は整数論や群論の基礎をなす定理として,発展していきました。

3.6 ピタゴラス数

2 つの等差数列 $\{4n+1\}$,$\{4n+3\}$ の中の素数をみてきましたが,$4n+1$,$4n+3$ の素数の個性の違いがいろいろなところに現れているのがわかっていただけたでしょうか。

実は,この 2 つの数列に属する素数の個性をさらに探究していくと,あの有名なピタゴラスの定理 (三平方の定理) にもまた違った側面があることがわかってくるのです。直角三角形と素数とのあいだに,どのような関係が見出せるのでしょうか。

直角三角形の 3 辺となる自然数の組 (a,b,c) を**ピタゴラス数**といいます。たとえば,

$$(3,4,5): \quad 3^2+4^2=5^2$$
$$(5,12,13): \quad 5^2+12^2=13^2$$

はピタゴラス数です。これら以外にも, $(8, 15, 17)$, $(7, 24, 25)$, $(20, 21, 29)$ 等があります。相似な直角三角形を考えることで, $(6, 8, 10)$, $(9, 12, 15)$ 等のピタゴラス数も得られますが, 以下では, a, b, c の最大公約数が 1 の場合を考えることにします。このようなピタゴラス数を**既約なピタゴラス数**と呼びます。

古代バビロニア人もピタゴラス数を知っていたらしく, $(3, 4, 5)$, $(5, 12, 13)$, $(8, 15, 17)$, $(20, 21, 29)$ の 4 つがある粘土板の練習問題の中に確認されています。

直角三角形の斜辺に相当する自然数

$$5, \ 13, \ 17, \ 25, \ 29, \cdots$$

を, 本書では「ピタゴラス数の斜辺」と呼ぶことにしましょう。これらの数に何か特徴があるでしょうか。素数も合成数も現れますが, 実は, すべて $4n + 1$ の形の自然数になっています。合成数の 25 は

$$25 = 5^2$$

で, 素因数 5 も $4n + 1$ の素数です。どうやらピタゴラス数の斜辺は, $4n + 1$ の形の自然数の個性を表しているようです。

このことをみるために, ピタゴラス数の公式を説明しましょう。

> **定理 3.8** 既約なピタゴラス数は,自然数 s と $t\,(s>t)$ を用いて,
> $$(s^2-t^2,\ 2st,\ s^2+t^2)$$
> と表せる.さらに,s と t は一方が偶数,もう一方が奇数で,互いに素な自然数になる.

[証明略]

この形の数の組が既約なピタゴラス数であることは容易に確認できます.逆に,既約なピタゴラス数はすべてこの形になることがわかっています.

小さい s, t の値について,既約なピタゴラス数を求めると,次のようになります.

表 3.3: 既約なピタゴラス数

(s,t)	$(s^2-t^2,\ 2st,\ s^2+t^2)$
$(2,1)$	$(3,4,5)$
$(3,2)$	$(5,12,13)$
$(4,1)$	$(15,8,17)$
$(4,3)$	$(7,24,25)$
$(5,2)$	$(21,20,29)$
$(5,4)$	$(9,40,41)$

ピタゴラス数の公式を用いると,既約なピタゴラス数の斜辺が $4n+1$ の形の自然数であることが次のように示されます.

ピタゴラス数の公式において，斜辺は s^2+t^2 と表されていて，s, t の偶奇が異なるので，一方を $2k$, もう一方を $2\ell+1$ とおくことができます。したがって，

$$s^2+t^2 = (2k)^2 + (2\ell+1)^2 = 4(k^2+\ell^2+\ell)+1$$

となり，$4n+1$ の形の自然数になります。

では，逆に，すべての $4n+1$ の形の自然数が既約なピタゴラス数の斜辺として現れるかというとそうではありません。たとえば，$21 = s^2+t^2$ となる自然数 (s, t) はないので，21 はピタゴラス数の斜辺にはなりません。では，どのような $4n+1$ の形の自然数が既約なピタゴラス数の斜辺になるでしょうか。

この疑問を解決するために，まず，$4n+1$ の素数 p について調べてみましょう。

$4n+1$ の素数 p が，既約なピタゴラス数の斜辺であるかどうかという問題は，

(3.4) $$x^2+y^2 = p$$

を満たす整数解 (x, y) があるかどうかという問題になります。いいかえると，素数 p が 2 つの平方数の和で表されるかどうか，という問題です。

一般に，解が一通りに定まらない方程式を**不定方程式**といい，整数係数の不定方程式を**ディオファントス方程式**といいます。

具体的に解いていきましょう。表 3.3 に続いて，$(s, t) = (6, 1), (6, 5), (7, 2)$ とすると，ピタゴラス数の斜辺は

(3.5) $$6^2+1^2 = 37$$

$$6^2 + 5^2 = 61$$
$$7^2 + 2^2 = 53$$

となり，表3.3と合わせると，61以下の $4n+1$ の素数が現れました。ここまで，$4n+3$ の素数は現れていません。

以上の例から，$4n+1$ の素数はいつも2つの整数の平方和で表せ，また，$4n+3$ の素数は2つの整数の平方和では表せないということが予想できます。ここに，$4n+1$ と $4n+3$ の素数の個性の違いが現れています。そして，この予想は正しく，**フェルマーの平方和定理**と呼ばれています。このあとの節でもしばしば引用するので，$2 = 1^2 + 1^2$ を含めて，定理としてまとめます。

> **定理3.9** p を素数とする。このとき，p が2または $4n+1$ の素数であることと，$x^2 + y^2 = p$ を満たす整数 x, y が存在することは同値である。

表3.3にもあげていますが，この定理を再度確認すると，

$$5 = 2^2 + 1^2, \quad 13 = 3^2 + 2^2, \quad 17 = 4^2 + 1^2,$$
$$29 = 5^2 + 2^2, \quad 37 = 6^2 + 1^2$$

というように，確かに $4n+1$ の素数が2つの整数の平方和になっています。しかも，この表し方は一通りしかありません。このことは，ガウス整数と呼ばれる数の素因数分解の一意性に対応していて，5.10節で説明します。一方，$4n+3$ の素数

$$3,\ 7,\ 11,\ 19, \cdots$$

は，整数の平方和では表すことができません．確認してみてください．

3.7　フェルマーの平方和定理の証明

フェルマーは，ディオファントスの『数論』の研究から

> どんな自然数もたかだか 4 個の平方数の和で表される

という予想について知っていました．フェルマーは 1654 年のパスカルへの手紙で，四平方数の予想より一般的な定理を証明したと書いています．そして，その証明に必要な定理のひとつに平方和定理をあげています．

しかし，フェルマーの証明は残っておらず，平方和定理はオイラーによって証明されました．その後，ルジャンドル (1752–1833)(5.3 節)，ガウス (5.10 節) らによって，別の証明が与えられています．

ルジャンドルはフランス生まれで，ラプラス (1749–1827)，ラグランジュ (1736–1813) と並んで 3L と称され，フランス革命の時代の代表的な数学者です．楕円積分，ルジャンドル多項式，数論などの分野の研究があり，整数論の著作として，1798 年に『数の理論』を出版しています．また，ルジャンドルの幾何学の教科書は定評があり，19 世紀を通じて大きな位置を占めていました．

この節では，フェルマーの平方和定理の証明を，部屋割

第3章 $4n+1$ の素数〜フェルマーのしらべ

り論法による証明と無限降下法による証明の2通りで与えます。前者は簡潔な証明のひとつ,後者は歴史上初めて与えられた証明です。

[定理 3.9 の部屋割り論法による証明]

$p=2$ の場合は,$2=1^2+1^2$ と表せるので定理が成り立ちます。

以下,p が奇数の素数の場合を考えます。奇数の素数 p が $p=x^2+y^2$ と表せたとすると,x,y の一方が偶数で,もう一方が奇数になります。なぜなら,x,y がともに偶数,あるいは奇数であるとすると,x^2+y^2 は偶数になるので,奇数の素数 p と等しくなることはないからです。このことから,p は $4n+1$ の素数になります。

逆に,p を $4n+1$ の素数とします。第1補充法則より,$a^2+1=pk$ を満たす自然数 a と k がとれます。

ここで,

$$\{\,x+ay \mid 0 \leqq x < \sqrt{p},\ 0 \leqq y < \sqrt{p}\,\}$$

という0以上の整数の集合を考えます。この集合の要素の個数は $([\sqrt{p}]+1)^2$ です。記号 $[\sqrt{p}]$ は,$\sqrt{p}$ 以下の自然数の個数を表します。そして

$$([\sqrt{p}]+1)^2 > (\sqrt{p})^2 = p$$

となり,0以上の整数を p で割った余りは,$0, 1, \cdots, p-1$ の p 通りだから,上の集合の中の異なる2数 x_1+ay_1, x_2+ay_2 で,p で割った余りが等しい数が存在します。

このとき,

$$(x_1 + ay_1) - (x_2 + ay_2) = (x_1 - x_2) + a(y_1 - y_2)$$

が，p の倍数となります．

$$x = x_1 - x_2, \quad y = y_1 - y_2$$

とおくと，$x + ay$ は p の倍数であり，

$$|x| < \sqrt{p}, \quad |y| < \sqrt{p}$$

が成り立っています．

このとき，

$$\begin{aligned}(x + ay)(x - ay) &= x^2 - a^2 y^2 \\ &= x^2 - (-1 + pk)y^2 \\ &= (x^2 + y^2) - pky^2\end{aligned}$$

となり，左辺が p の倍数であることより $x^2 + y^2$ は p の倍数となります．

さらに，

$$x^2 + y^2 < 2(\sqrt{p})^2 = 2p$$

だから，

$$x^2 + y^2 = p$$

となります． □

なお，この証明に用いた論法：$m > n$ のとき，m 個のものを n 個にグループ分けすると「少なくとも2つのものが入るグループがある」を**ディリクレの部屋割り論法**，または，**鳩の巣原理**と呼びます．

[定理 3.9 の無限降下法による証明]

$p=2$ の場合は, $2=1^2+1^2$ と表せるので定理が成り立ちます.

以下, p が奇数の素数の場合を考えます. 最初の証明と同様に, 奇数の素数 p が $p=x^2+y^2$ と表せたとすると, p は $4n+1$ の素数になります. したがって, p が $4n+1$ の素数のとき, $p=x^2+y^2$ の整数解 (x,y) が存在することを示せばよいことになります.

等式

(3.6) $\qquad (a^2+b^2)(c^2+d^2) = (ac+bd)^2 + (ad-bc)^2$

を利用します. この等式が成り立つことは, 両辺をそれぞれ展開すれば確認できます. この等式は, ディオファントスも知っていたようですが, フィボナッチと呼ばれたピサのレオナルド (1174?–1250?) によるものです.

さて, p は $4n+1$ の素数なので, 第 1 補充法則 (定理 3.2) より, ある整数 x と k があって,

$$x^2+1 = kp$$

を満たします. いま, $y=1$ とおくと,

(3.7) $\qquad\qquad x^2+y^2 = kp$

が成り立ちます. (3.7) 式において, $k=1$ ならば, 定理 3.9 が証明されたことになります.

$k>1$ と仮定します. x, y を k で割って,

$$x = ku+r \quad \left(|r| \leq \frac{k}{2}\right)$$

$$y = kv + s \quad \left(|s| \leqq \frac{k}{2}\right)$$

と表すことができます.このとき,

$$(x^2 + y^2) - (r^2 + s^2)$$

は k の倍数になります. (3.7) 式より $x^2 + y^2$ は k の倍数だったので, $r^2 + s^2$ も k の倍数となり,

$$r^2 + s^2 = k_1 k$$

とおけます.一方,

$$r^2 + s^2 \leqq \left(\frac{k}{2}\right)^2 + \left(\frac{k}{2}\right)^2 = \frac{k^2}{2}$$

より, $k_1 k \leqq \dfrac{k^2}{2}$ となり,

$$k_1 \leqq \frac{k}{2} < k$$

が得られます.ここで,

$$x_1 = \frac{rx + sy}{k}, \quad y_1 = \frac{ry - sx}{k}$$

とおきます.

$$rx + sy = r(ku + r) + s(kv + s) = k(ru + sv + k_1)$$
$$ry - sx = r(kv + s) - s(ku + r) = k(rv - su)$$

となるので, x_1, y_1 ともに整数です.

また, (3.6) 式より,

$$(rx+sy)^2 + (ry-sx)^2 = (r^2+s^2)(x^2+y^2) = k^2 k_1 p$$

となり,

$$\left(\frac{rx+sy}{k}\right)^2 + \left(\frac{ry-sx}{k}\right)^2 = k_1 p$$

となります。したがって,

$${x_1}^2 + {y_1}^2 = k_1 p$$

が成り立ちます。

以上により, $k > 1$ に対して, $x^2 + y^2 = kp$ が成り立つとき, $0 < k_1 < k$ となる k_1 に対して,

$${x_1}^2 + {y_1}^2 = k_1 p$$

を満たす x_1, y_1 が存在することが示されました。

$k_1 = 1$ ならば, 定理3.9が証明されたことになります。$k_1 > 1$ ならば, 上の操作を繰り返します。すると,

$$k_1 > k_2 > k_3 > \cdots$$

という自然数の列が得られますが, この自然数の列は無限に続くことはなく, ある自然数 k_m に対して $k_m = 1$ となり,

$$k_1 > k_2 > k_3 > \cdots > k_m = 1$$

が成り立ちます。

このとき, ${x_m}^2 + {y_m}^2 = p$ となる整数 x_m, y_m が存在することになり, 定理3.9が示されました。　□

この証明で行った論法が, フェルマーの**無限降下法**と呼ばれる証明法です。無限降下法はフェルマーによって編み

出されたとされていますが，この平方和定理の証明はオイラーによるものです。

フェルマーの平方和定理を使えば，既約なピタゴラス数の斜辺となる素数がどのような数であるかという疑問に答えることができます。奇数の素数 p が既約なピタゴラス数の斜辺となるためには，偶奇が異なる互いに素な 2 数 s, t が存在して，$p = s^2 + t^2$ と表せることが必要十分条件でした。

では，既約なピタゴラス数の斜辺となる合成数はどのような数でしょうか。この場合も，偶奇の異なる整数 s, t を使って $s^2 + t^2$ と表されました。

まず，$4n+1$ の素数の積は既約なピタゴラス数の斜辺となります。なぜなら，$4n+1$ の素数は平方数の和で表され，

$$(a^2 + b^2)(c^2 + d^2) = (ac + bd)^2 + (ad - bc)^2$$

より，積も平方数の和で表されるからです。さらに $2 = 1^2 + 1^2$ と表されるので，2 と $4n+1$ の素数の積も平方数の和になり，既約なピタゴラス数の斜辺になることもわかります。

一方，21 は $4n+1$ の形の合成数ですが，既約なピタゴラス数の斜辺にはなりませんでした。その理由は，$21 = 3 \cdot 7$ と $4n+3$ の素数の積になることにあります。実は，$4n+3$ の素数を素因数に含む数は既約なピタゴラス数の斜辺にはなりません。このことは次のようにして示せます。

$4n+3$ の素数 p が，既約なピタゴラス数の斜辺の素因数として現れたと仮定します。つまり，$a^2 + b^2 = (kp)^2$ が満たされていると仮定します。a, b, kp の最大公約数は 1 だから，a も b も p では割り切れません。

$$a^2 = (kp)^2 - b^2$$

と変形して，両辺を $\dfrac{p-1}{2}$ 乗すると，

$$(a^2)^{\frac{p-1}{2}} = ((kp)^2 - b^2)^{\frac{p-1}{2}}$$

となります。

二項定理により，右辺を展開すると $(-b^2)^{\frac{p-1}{2}}$ 以外の項はすべて素因数 p をもっているので，p でくくり出すと，ある整数 ℓ が存在して，

$$a^{p-1} = p\ell + (-b^2)^{\frac{p-1}{2}}$$

と表されます。さらに，p は $4n+3$ の素数だから，$\dfrac{p-1}{2}$ は奇数となり，

$$a^{p-1} = p\ell - b^{p-1}$$

となります。ここで，フェルマーの小定理を用いると，左辺を p で割った余りは 1 となり，右辺を p で割った余りは $p-1$ となります。$p \geqq 3$ ですから，これは矛盾です。

以上のことより，既約なピタゴラス数の斜辺となる合成数は，2 と $4n+1$ の素数の積で表されることがわかります。

3.8　1907 が奏でる物語

本書はブルーバックスの 1907 巻です。1907 は $4n+3$ の素数です。1907 はどんな物語を奏でるのでしょう。

p と $2p+1$ が素数のとき，p を**ソフィー・ジェルマン素**

数,$2p+1$ を**安全素数**といいます。安全素数は暗号理論に関連して名づけられています。小さい順に

$(p, 2p+1) = (2,5),\ (3,7),\ (5,11),\ (11,23),\ (23,47),\ \cdots$

が例になります。ソフィー・ジェルマン素数が無数にあるかどうかは未解決の難問です。

$2p+1 = 1907$ とおくとき,$p = 953$ となります。953 も素数です。したがって,953 はソフィー・ジェルマン素数,1907 は安全素数となります。

ソフィー・ジェルマン (1776–1831) はフランスの女性数学者です。フェルマーの大定理に関するソフィー・ジェルマンの定理が有名です。ルブランという男性の名前を使って,ルジャンドルやガウス等の数学者と文通しながら,研究していました。その才能を高く評価したガウスが,ゲッチンゲン大学の名誉学位を与えようとした逸話が残っています。

安全素数について,次の性質があります。p が $4n+1$ の素数のときは,$2p+1$ が素数であることと,$2p+1$ が 2^p+1 の約数になることが同値になります。また,p が $4n+3$ の素数のときは,$2p+1$ が素数であることと,$2p+1$ がメルセンヌ数 2^p-1 の約数になることが同値になります。953 は $4n+1$ の素数なので,1907 は $2^{953}+1$ の約数になっています。

ここにも,$4n+1$ と $4n+3$ の素数の個性がはっきりと顔をのぞかせています。

EULER

$4n+1$ $4n+3$

13 11

第 4 章 素数の無限性(2)
〜オイラーのしらべ

レオンハルト・オイラー (1707–1783)

Leonhard Euler

　スイスのバーゼルで生まれたオイラーは，18世紀を代表する数学者で，非常に多くの研究を行いました。その超人的な量のために彼の全集はいまだに完結していません。バーゼルでニュートン (1642–1727)，ライプニッツの微積分をベルヌーイ一族とともに継承して大きく開花させ，膨大な業績を残しました。整数論，位相幾何学，変分法，流体力学，差分法，数値計算など，あらゆる分野にわたる貢献があり，現在の数学は多くの素材をオイラーに負っています。

　こんにち使われている記号法についてもオイラーに負うところが大きく，たとえば，e (自然対数の底(てい))，i (虚数単位)，$\sum$ (和の記号) などがあげられます。

　サンクトペテルブルク科学アカデミーに招かれて，サンクトペテルブルクに赴任します。ベルリンの科学アカデミーに移籍した25年間以外は，当地で生涯を過ごしました。

　1720年にバーゼル大学に入学し，ヨハン・ベルヌーイ (1667–1748) に師事して数学を勉強しました。1727年にサンクトペテルブルクに行き，1741年までそこで研究を続けましたが，1738年にロシアの地図製作に熱中していたとき，右目の視力を失いました。

　1741年に新しくできたベルリン科学アカデミーに移り，1766年までここで研究を続けましたが，1766年にふたたびサンクトペテルブルクに戻りました。ここでしばらくして左目の視力も失いましたが，視力を失ってからもなお，オ

イラーの意欲は衰えることなく研究が続けられました。

オイラーの整数論への興味はアマチュア数学者であったゴールドバッハによって刺激されたようで，オイラーはゴールドバッハとの文通の中で，整数論上の問題について議論をしています。オイラーはフェルマーの書き残した事実を多く証明し，整数論のいろいろな部分について重要な貢献をしています。オイラーの著作として知られているものに，『無限解析入門』『微分法』『積分法』などがあります。

そして数学の多くの分野にわたって，オイラーの名前が残っています。整数論の分野だけに限っても，「オイラーの定数」「オイラー積」「オイラー関数」「オイラーの規準」などがあります。

よく知られた公式のひとつに「オイラーの公式」があります。これは，

$$e^{i\theta} = \cos\theta + i\sin\theta$$

という公式で，複素数の範囲で考えると，指数関数と三角関数が本質的に同じであることを主張しています。

また，「多面体についてのオイラーの定理」は，多面体において，

$$(頂点の数) - (辺の数) + (面の数) = 2$$

が成り立つという定理で，左辺を「オイラー数」と呼んでいて幾何学で重要な数となっています。

オイラーの整数論への貢献のひとつとして，$\zeta(2)$（ゼータ）の値の決定があります。

$$\zeta(2) = \frac{1}{1^2} + \frac{1}{2^2} + \frac{1}{3^2} + \frac{1}{4^2} + \cdots$$

の収束・発散の問題は，ベルヌーイたちが取り組んで解けずにいましたが，1735 年，28 歳の若いオイラーがいきなり解決して，一躍有名になりました。オイラーはこの値が $\frac{\pi^2}{6}$ であることを証明しました。

この後，オイラーは $\zeta(2n)$ の値を決定し，本章で紹介するような解析学を駆使した整数論の研究を行っています。その他にも，平方剰余の相互法則の発見など多くの貢献があります。

4.1 オイラーのアイディア

17世紀初頭，ヴィエート (1540–1603) により x や y の文字式が整備されると，フェルマーによって近代的整数論が，そしてニュートンとライプニッツによる微分積分学が始まります。18世紀に登場したオイラーは，この流れを継承し，大きく発展させることで数多くの業績をあげます。

そのひとつが素数の無限性の問題で，オイラーは調和級数の発散を用いた斬新な証明を与えました (調和級数に関しては，4.3節で詳しく紹介します)。解析学を整数論に用いるのは，オイラーの独創的なアイディアで，解析的整数論，すなわち微分積分学を用いた整数論の幕が開きました。

この節ではまず，オイラーのアイディアを概観してみましょう。詳しいことは次節以降で説明しますが，大きな話の流れをつかんでください。

素数の無限性の証明にオイラーが用いた方法は，数列 $\{a_n\}$ の素数番目の項

$$a_2, a_3, a_5, a_7, a_{11}, \cdots$$

の和

$$\sum_{p:\text{素数}} a_p = a_2 + a_3 + a_5 + a_7 + a_{11} + \cdots$$

や積

$$\prod_{p:\text{素数}} a_p = a_2 \cdot a_3 \cdot a_5 \cdot a_7 \cdot a_{11} \cdots$$

が発散することを示す方法です。素数の個数が有限個なら，

和も積も有限の値になります。したがって，和や積が発散するならば，素数が無数にあることがわかります。

オイラーは，調和級数

$$S_n = \frac{1}{1} + \frac{1}{2} + \frac{1}{3} + \cdots + \frac{1}{n}$$

を扱っています。

S_n の値を計算すると，次の表のようになります。

表 4.1: S_n の値

n	S_n
10	$2.92896\cdots$
20	$3.59773\cdots$
30	$3.99498\cdots$
40	$4.27854\cdots$
50	$4.49920\cdots$
100	$5.18737\cdots$
200	$5.87803\cdots$
300	$6.28266\cdots$
400	$6.56992\cdots$
500	$6.79282\cdots$
1000	$7.48547\cdots$

この表だけでは判断が難しいのですが，調和級数が発散することは，オイラーの時代にすでに知られていました。オイラーは数列の収束や発散にとどまらず，自然数の逆数の和と素数全体とを結ぶ意外で美しい関係式

(4.1)
$$\frac{1}{1} + \frac{1}{2} + \frac{1}{3} + \cdots + \frac{1}{n} + \cdots = \frac{2}{1} \cdot \frac{3}{2} \cdot \frac{5}{4} \cdots \frac{p}{p-1} \cdots$$

を導きました。ここで，左辺はすべての自然数 n の逆数に関する和，右辺はすべての素数 p に関する積です。右辺の分子は素数の積になります。調和級数は自然数の素因数分解と関係がありそうにみえます。

左辺の自然数の逆数の和は，無限大に発散します。すると，右辺の素数の積も無限大に発散します。このような論法で，オイラーは素数が無数にあるという結論を引き出したのでした。

ユークリッド以来約2000年が経過して初めて，素数の無限性に本質的に新しい証明が加えられたことになります。

オイラーはさらに考察を深め，今度は素数の逆数の和

$$T_n = \frac{1}{2} + \frac{1}{3} + \frac{1}{5} + \cdots + \frac{1}{p_n}$$

を考えます。ここで，p_n は n 番目の素数です。

T_n の値を求めると，次ページの表4.2のようになります。

この表からは，素数の逆数の和は一定の値に収束するようにも思えます。実際，この級数は非常にゆっくり増加するので，1.8×10^{18} 程度の大きさの素数までの逆数の和でも，やっと4を超える程度です。しかし，オイラーはこの和も発散することを見出します。つまり，

$$\sum_{p:\text{素数}} \frac{1}{p} = \frac{1}{2} + \frac{1}{3} + \frac{1}{5} + \frac{1}{7} + \frac{1}{11} + \cdots = \infty$$

表 4.2: T_n の値

n	p_n	T_n
10	29	$1.53343\cdots$
20	71	$1.74286\cdots$
30	113	$1.84979\cdots$
40	173	$1.91740\cdots$
50	229	$1.96702\cdots$
100	541	$2.10634\cdots$
200	1223	$2.22705\cdots$
300	1987	$2.29094\cdots$
400	2741	$2.33357\cdots$
500	3571	$2.36532\cdots$
1000	7919	$2.45741\cdots$

が成り立ちます．この式をみれば，素数が無数にあることは明らかです．

このような関係式は，数値実験だけでは見出しにくく，自然数と素数の関係式 (4.1) の対数から導かれる

$$\log S_n < -\sum_{i=1}^{m} \log\left(1 - \frac{1}{p_i}\right) < \sum_{p:\text{素数}} \frac{1}{p} + (\text{定数})$$

という関係式から示されます．ここで，m は自然数 n 以下の素数の個数です．左辺が発散するので，右辺の無限和も発散することになります．

そもそも整数論は，1, 2, 3, $\cdots$ のように不連続なものを対象としています．そして，第 2 章や第 3 章で示してき

た代数的な議論が，整数の性質の探究に使われてきました。しかし，オイラーはこの整数の探究に解析学を応用し，整数論と解析学の驚くべき融合を果たしたのです。

第2章で説明したように，$4n+3$ の素数が無数にあることと，$4n+1$ の素数が無数にあることの証明は，本質的に異なったものでした。$4n+3$ の素数については，素数が無数に存在することに対するユークリッドの証明と同様にできました。しかし，$4n+1$ の素数については，ユークリッドの方法だけではうまくいきませんでした。

オイラーは1775年の論文の中で，$4n+1$ や $4n+3$ の素数が無数に存在するかどうかの問題を扱っています。

今度は，

$$S_n = \frac{1}{3} - \frac{1}{5} + \frac{1}{7} + \frac{1}{11} - \frac{1}{13} - \cdots + \frac{-(-1)^{\frac{p_{n+1}-1}{2}}}{p_{n+1}}$$

を考えます。分母が $4n+1$ の素数のときは負の符号，分母が $4n+3$ の素数のときは正の符号になっています。また，偶数の素数は $p_1 = 2$ のみですから，p_{n+1} は n 番目の奇数の素数です。

S_n の値を表にすると，次ページの表 4.3 のようになります。

この表より，級数の値はほぼ 0.33 に近づきそうです。この級数の収束は遅いのですが，オイラーは巧みな級数操作によって，

$$\sum_{p:奇数の素数} \frac{-(-1)^{\frac{p-1}{2}}}{p} = \frac{1}{3} - \frac{1}{5} + \frac{1}{7} + \frac{1}{11} - \cdots = 0.3349\cdots$$

表 4.3: S_n の値

n	p_{n+1}	S_n
10	31	$0.325238\cdots$
20	73	$0.315352\cdots$
30	127	$0.317517\cdots$
40	179	$0.330516\cdots$
50	233	$0.329965\cdots$
100	547	$0.332682\cdots$
200	1229	$0.328768\cdots$
300	1993	$0.333057\cdots$
400	2749	$0.333061\cdots$
500	3581	$0.332942\cdots$
1000	7927	$0.333755\cdots$

を示しています.

ここで，素数の逆数の和を 2 と $4n+1$ の素数と $4n+3$ の素数にわけます.

$$\sum_{p:\text{素数}} \frac{1}{p} = \frac{1}{2} + \sum_{p:4n+1\,\text{の素数}} \frac{1}{p} + \sum_{p:4n+3\,\text{の素数}} \frac{1}{p}$$

となります. 左辺は発散するので,

$$\sum_{p:4n+1\,\text{の素数}} \frac{1}{p} = \frac{1}{5} + \frac{1}{13} + \frac{1}{17} + \frac{1}{29} + \frac{1}{37} + \frac{1}{41} + \cdots$$

$$\sum_{p:4n+3\,\text{の素数}} \frac{1}{p} = \frac{1}{3} + \frac{1}{7} + \frac{1}{11} + \frac{1}{19} + \frac{1}{23} + \frac{1}{31} + \cdots$$

第4章 素数の無限性(2)〜オイラーのしらべ

のうち，少なくとも一方は発散します。

ところが，

$$\sum_{p:4n+3 \text{ の素数}} \frac{1}{p} - \sum_{p:4n+1 \text{ の素数}} \frac{1}{p} = \frac{1}{3} - \frac{1}{5} + \frac{1}{7} + \frac{1}{11} - \cdots$$

$$= 0.3349\cdots$$

となるので $\displaystyle\sum_{p:4n+1 \text{ の素数}} \frac{1}{p}$ と $\displaystyle\sum_{p:4n+3 \text{ の素数}} \frac{1}{p}$ は，両方とも発散します。

つまり，

$$\sum_{p:4n+1 \text{ の素数}} \frac{1}{p} = \frac{1}{5} + \frac{1}{13} + \frac{1}{17} + \frac{1}{29} + \frac{1}{37} + \cdots = \infty$$

$$\sum_{p:4n+3 \text{ の素数}} \frac{1}{p} = \frac{1}{3} + \frac{1}{7} + \frac{1}{11} + \frac{1}{19} + \frac{1}{23} + \cdots = \infty$$

となり，ひと目で $4n+1$ の素数も $4n+3$ の素数も無数にあることがわかります。無駄がなく，美しい公式です。

このように，無限級数，無限積の背後にある宝石のような真実をオイラーの慧眼が見抜き，同時に，このような無限級数がいかに新しい整数論の世界を切り開いてくれるかが明らかになりました。

しかしながら，証明はひと目でわかる，とはいきません。証明は，オイラーの天才のなせる業で，数列の極限や関数の微分積分を駆使しています。

素数の無限性の問題を数列の発散の問題としてとらえた点，そして，数列の発散を関数の微分積分を駆使して示した

点が，オイラーの大発見の本質です。このようなオイラーの考え方は，ディリクレ (1805–1859) による算術級数定理をはじめ，その後の解析的整数論という分野の発展につながっていきます。

本章では，ここで述べた定理の証明を段階的に紹介しながら，オイラーの整数論の美しいしらべに触れたいと思います。

なお，本節の議論は直観的なアイディアをまとめていて，「$\infty = \infty$」のような無限大に発散する数列の等式変形をところどころ繰り返しています。厳密な証明には，数列の収束に関するより専門的な議論が必要になります。

4.2 無限級数とは

解析的な整数論の議論には，無限級数が欠かせません。この節では，無限級数について解説します。

本章では，自然数の逆数の和

$$\frac{1}{1} + \frac{1}{2} + \frac{1}{3} + \cdots + \frac{1}{n} + \cdots$$

や，素数の逆数の和

$$\frac{1}{2} + \frac{1}{3} + \frac{1}{5} + \frac{1}{7} + \cdots$$

あるいは，$4n+1$ や $4n+3$ の素数の逆数の和

$$\frac{1}{5} + \frac{1}{13} + \frac{1}{17} + \frac{1}{29} + \cdots$$

$$\frac{1}{3}+\frac{1}{7}+\frac{1}{11}+\frac{1}{19}+\cdots$$

などを考えます。等差数列 $\{4n+3\}$ の初項は 7 ですが,本書では $n=0$ のときの 3 も含めて考えています。

数列には,

$$1,\ 2,\ 3,\ 4,\ 5$$

のように有限個の数からなる数列と,自然数全体の数列

$$1,\ 2,\ 3,\ 4,\ 5,\ \cdots$$

や,素数全体の数列

$$2,\ 3,\ 5,\ 7,\ 11,\ \cdots$$

のように,無限個の数からなる数列があります。前者を**有限数列**,後者を**無限数列**といいます。

この節ではまず,無限数列の和について,基本的なことを説明します。

数列の和を**級数**といいます。有限個の数であれば,それがいくら多くても,実際にたし算をすることができます。しかし,自然数全体のたし算

$$1+2+3+\cdots+n+\cdots$$

というのは,いったいどのようなものでしょうか。もちろん,無限個の数を実際にたすことはできません。しかし,

$$1+2-3$$
$$1+2+3=6$$
$$1+2+3+4=10$$

と自然数をたしていくと、その和はいくらでも大きくなっていくことは想像がつきます。一方、次のようなたし算はどうでしょうか。

$$1 - 1 + 1 - 1 + 1 - 1 + \cdots$$

この式は、1 と -1 を繰り返し限りなくたしていくという計算を意味しています。このたし算の和があったとして、それを x とおいてみましょう。つまり、

$$x = 1 - 1 + 1 - 1 + 1 - 1 + \cdots$$

です。この式に（ ）を入れてまとめてみると、

$$x = (1-1) + (1-1) + (1-1) + \cdots = 0 + 0 + 0 + \cdots = 0$$

となります。しかし、（ ）のつけ方をかえると、

$$x = 1 - (1-1) - (1-1) - (1-1) - \cdots = 1 - 0 - 0 - 0 - \cdots = 1$$

となります。さらに、最初のマイナスの後をすべて（ ）でくくると、

$$x = 1 - (1 - 1 + 1 - 1 + 1 - 1 + \cdots) = 1 - x$$

となることから、$2x = 1$ となり、$x = \dfrac{1}{2}$ となってしまいます。

このように（ ）のつけ方を変えることによって、

$$x = 0, \ 1, \ \dfrac{1}{2}$$

というように3種類の値が出てきます。このような奇妙なことが起こってきた原因は、（ ）のつけ方を変えたことに

あります。これが,

$$x = 1 - 1 + 1 - 1 + 1 - 1$$

のような有限個の和であれば,

$$x = (1-1) + (1-1) + (1-1) = 0$$
$$x = 1 - (1-1) - (1-1) - 1 = 1 - 0 - 0 - 1 = 0$$
$$x = 1 - (1-1+1-1+1) = 1 - 1 = 0$$

となって,すべて等しくなります。最後の式では,無限個の場合と違って,( )の中はxと等しくはならず,$x = 1-(x+1)$で,$2x = 0$であることから$x = 0$が出てきます。

また,次のようなたし算はどうでしょう。

$$\frac{1}{1} - \frac{1}{2} + \frac{1}{3} - \frac{1}{4} + \frac{1}{5} - \frac{1}{6} + \cdots$$

において,

$$x = \frac{1}{1} + \frac{1}{3} + \frac{1}{5} + \cdots, \quad y = \frac{1}{2} + \frac{1}{4} + \frac{1}{6} + \cdots$$

とおきます。

$$\frac{1}{1} - \frac{1}{2} + \frac{1}{3} - \frac{1}{4} + \frac{1}{5} - \frac{1}{6} + \cdots = x - y$$

です。左辺については,2つずつまとめると,

$$x - y = \left(\frac{1}{1} - \frac{1}{2}\right) + \left(\frac{1}{3} - \frac{1}{4}\right) + \left(\frac{1}{5} - \frac{1}{6}\right) + \cdots > 0$$

となります。一方,右辺については,yを変形して,

$$y = \frac{1}{2}\left(\frac{1}{1} + \frac{1}{2} + \frac{1}{3} + \cdots\right) = \frac{1}{2}(x+y)$$

とすると,

$$x - y = 0$$

が導かれます.

　これら 2 つの例のように, 無限個の数のたし算で値が定まらなかった原因は, 有限個の世界で成り立っていた括弧や和の順序に関する法則を, 無限個のたし算にそのままあてはめたことにあります.

　このような問題は 18 世紀だけでなく, 19 世紀初めまで実際に起こってきた問題で, ダランベール (1717–1783), マクローリン (1698–1746), コーシー (1789–1857), アーベル (1802–1829) らによって, 無限級数の収束と発散についての数学が厳密に構成されることになりました.

　アーベルは次のように, 無限級数の収束を注意深く調べ, 厳密に定義する必要性を語っています.

> 発散級数は悪魔の発明品で, それを基にどんな証明を行うのも恥ずべきことです. それを使えばどんな結論でも好きなように導くことができ, それゆえそうした級数はあまりに多くの誤謬やパラドックスを生み出してきました. ……私はそれに対して極めて注意深くなりました. 幾何級数以外に, 和を厳密に決定できる無限級数など, 数学の中にどこにも存在しません. 別の言い方をすれば, 数学において最も重要な存在は, 最も拠り所を持っ

ていないのです。それにも関わらず、それらの大半が正しいというのは、極めて驚くべきことです。私はその理由を見つけようとしています。これはあまりに興味深い問題です。

(水谷淳 訳 [8])

ここで、幾何級数とは等比級数のことで、幾何級数の和はあと (117 ページ) で述べる無限等比級数の和の公式 (4.3) のことです。

そもそも無限個の数を「たす」とか、無限個の数の「和」とはどういうことかということを、きちんと定義しなければ何も始まらなかったわけです。

では、無限個の数の和をどのように定義するかを説明します。

無限数列

$$a_1, a_2, a_3, \cdots, a_n, \cdots$$

があったとき、

$$a_1 + a_2 + a_3 + \cdots + a_n + \cdots$$

を**無限級数**といい、a_1 をその**初項**、a_n を**第 n 項**といいます。この無限級数を和の記号 $\sum$ を用いると、$\sum_{k=1}^{\infty} a_k$ と書き表せます。無限級数において、初項から第 n 項までの和

$$S_n = a_1 + a_2 + a_3 + \cdots + a_n = \sum_{k=1}^{n} a_k$$

を，この無限級数の第 n 項までの**部分和**といいます。

そして，n を限りなく大きくしたとき，部分和のつくる無限数列 $\{S_n\}$ が収束するとき，つまり $\lim_{n\to\infty} S_n$ の極限値が存在するとき，無限級数は**収束**するといい，この極限値を無限級数の**和**といいます。

また，数列 $\{S_n\}$ が発散するとき，無限級数は**発散**するといいます。

自然数の和

$$S_n = 1 + 2 + 3 + \cdots + n$$

を考えると，$S_n = \dfrac{n(n+1)}{2}$ なので，$n \to \infty$ のとき，$S_n \to \infty$ となります。したがって，

$$1 + 2 + 3 + \cdots + n + \cdots = \infty$$

と考えられます。また，

$$\frac{1}{2} + \frac{1}{2^2} + \frac{1}{2^3} + \frac{1}{2^4} + \cdots$$

という数列で

$$S_n = \frac{1}{2} + \frac{1}{2^2} + \frac{1}{2^3} + \cdots + \frac{1}{2^n}$$

を考えると，第 3 章 (3.3) 式の等比数列の和の公式より

$$S_n = \frac{\frac{1}{2}\{1 - (\frac{1}{2})^n\}}{1 - \frac{1}{2}} = 1 - \left(\frac{1}{2}\right)^n$$

となります。そして, $n \to \infty$ とすると, $\left(\dfrac{1}{2}\right)^n \to 0$ より, $S_n \to 1$ となるので,

(4.2) $$\frac{1}{2} + \frac{1}{2^2} + \frac{1}{2^3} + \frac{1}{2^4} + \cdots = 1$$

と考えるわけです。

(4.2) 式は, 無限等比級数の和の公式と呼ばれる公式の公比が $\dfrac{1}{2}$ の場合にあたります。無限等比級数の和の公式は, 次節以降でもしばしば登場しますので, ここで, 説明しておきます。

等比数列の初項から n 番目の項までの和は, $r \neq 1$ のとき,

$$a + ar + ar^2 + \cdots + ar^{n-1} = \frac{a(1-r^n)}{1-r}$$

でした。とくに $a = 1$ のときは

$$1 + r + r^2 + \cdots + r^{n-1} = \frac{1-r^n}{1-r}$$

となります。ここで, $|r| < 1$ のとき, $\displaystyle\lim_{n \to \infty} r^n = 0$ だから, 次の公式が成り立ちます。

無限等比級数の和の公式

(4.3) $\quad 1 + r + r^2 + r^3 + \cdots = \dfrac{1}{1-r} \qquad (|r| < 1)$

本章では，調和級数や奇数の逆数の交代和を素数ごとの積で表す際に，$r = \dfrac{1}{p}$，または，$r = -\dfrac{1}{p}$ として，

$$1 + \frac{1}{p} + \frac{1}{p^2} + \frac{1}{p^3} + \cdots = \frac{1}{1 - \frac{1}{p}} = \frac{p}{p-1}$$

$$1 - \frac{1}{p} + \frac{1}{p^2} - \frac{1}{p^3} + \cdots = \frac{1}{1 + \frac{1}{p}} = \frac{p}{p+1}$$

を用います。

4.3 調和級数

自然数の逆数の無限和

$$(4.4) \qquad \sum_{n=1}^{\infty} \frac{1}{n} = \frac{1}{1} + \frac{1}{2} + \frac{1}{3} + \frac{1}{4} + \cdots$$

について考えます。無限級数の和の定義から，

$$S_n = \frac{1}{1} + \frac{1}{2} + \frac{1}{3} + \cdots + \frac{1}{n}$$

とおくとき，

$$\sum_{n=1}^{\infty} \frac{1}{n} = \lim_{n \to \infty} S_n$$

です。

一般に，等差数列の逆数の数列を**調和数列**といい，無限級数 (4.4) を**調和級数**と呼びます。

第4章 素数の無限性(2)～オイラーのしらべ

ピタゴラスは，弦を弾いたときに快く聞こえる音は弦の長さの比に関係することに気づきました。ドの弦の長さを1とすると，ソは $\frac{2}{3}$，1オクターブ高いドは $\frac{1}{2}$ の長さになります。1, $\frac{2}{3}$, $\frac{1}{2}$ の逆数を取ると，1, $\frac{3}{2}$, 2 となり，公差が $\frac{1}{2}$ の等差数列です。

これらの音はよく調和することから，このような等差数列の逆数の数列を，音の調和から名を取って調和数列と呼ぶようになったとされています。また，$\frac{2}{3}$ は1と $\frac{1}{2}$ の調和平均，つまり，逆数の平均の逆数，にもなっています。

自然数の無限和は，

$$1+2+3+4+\cdots = \infty$$

のように無限大に発散しました。逆数をとって調和数列の無限和を考えれば，収束するでしょうか。あるいは，無限大に発散するでしょうか。1から n までの自然数の逆数の和 S_n は n の式として表すことが難しいので，S_n の極限を直接計算することはできません。しかし，1350年頃にオレーム (1323?–1382) によって，S_n は無限大に発散することが示されました。

定理 4.1
$$\sum_{n=1}^{\infty} \frac{1}{n} = \frac{1}{1} + \frac{1}{2} + \frac{1}{3} + \frac{1}{4} + \frac{1}{5} + \frac{1}{6} + \frac{1}{7} + \frac{1}{8} + \cdots = \infty$$

[**証明**] 右辺を，1個，1個，2個，4個，8個，……と区切って次のように考えます。

$$\frac{1}{1} + \frac{1}{2} + \frac{1}{3} + \frac{1}{4} + \frac{1}{5} + \frac{1}{6} + \frac{1}{7} + \frac{1}{8} + \cdots$$
$$= \left(\frac{1}{1}\right) + \left(\frac{1}{2}\right) + \left(\frac{1}{3} + \frac{1}{4}\right) + \left(\frac{1}{5} + \frac{1}{6} + \frac{1}{7} + \frac{1}{8}\right) + \cdots$$
$$> \left(\frac{1}{1}\right) + \left(\frac{1}{2}\right) + \left(\frac{1}{4} + \frac{1}{4}\right) + \left(\frac{1}{8} + \frac{1}{8} + \frac{1}{8} + \frac{1}{8}\right) + \cdots$$
$$= 1 + \frac{1}{2} + \frac{2}{4} + \frac{4}{8} + \cdots = 1 + \frac{1}{2} + \frac{1}{2} + \frac{1}{2} + \cdots = \infty$$

□

定理 4.1 は，直接的には自然数の逆数の和が発散するという数列の問題です。しかしながら，オイラーはこの定理に奥深い整数論が潜んでいることを見出します。

オイラーはまた，調和級数と対数とが密接な関係をもっていることにも気づきます。それは調和級数の部分和

$$\frac{1}{1} + \frac{1}{2} + \frac{1}{3} + \frac{1}{4} + \cdots + \frac{1}{n}$$

が，$\log n$ の値に約 0.577 を加えた値に等しいという事実です。つまり

$$\lim_{n \to \infty} \left(\frac{1}{1} + \frac{1}{2} + \frac{1}{3} + \frac{1}{4} + \cdots + \frac{1}{n} - \log n\right)$$

が一定の値に収束します。この極限値は**オイラーの定数**と呼ばれています。オイラーの定数は $0.57721\cdots$ となり，整

数論のいろいろなところに現れますが，まだ無理数であるか有理数であるかもわかっていません。

4.4 素数の無限性の証明

定理 4.1 で調和級数が発散することを示しました。このことから素数が無数に存在することを証明するために，自然数の逆数の和と素数の積とがどのように関係するかをみておきましょう。

多項式の積は

$$(a_1 + a_2)(b_1 + b_2) = a_1 b_1 + a_1 b_2 + a_2 b_1 + a_2 b_2$$

のように，$a_1 + a_2$ の項 a_1, a_2 と $b_1 + b_2$ の項 b_1, b_2 からそれぞれひとつずつ選んで積をつくり，そして，そのすべての組み合わせによってできた数の和になります。

同様にして，

$$\left(\frac{1}{1} + \frac{1}{2} + \frac{1}{2^2} + \cdots + \frac{1}{2^m}\right)\left(\frac{1}{1} + \frac{1}{3} + \frac{1}{3^2} + \cdots + \frac{1}{3^n}\right)$$

は，$\frac{1}{2^i}$ $(i = 0, 1, \cdots, m)$ と $\frac{1}{3^j}$ $(j = 0, 1, \cdots, n)$ からひとつずつ選んでできた積

$$\frac{1}{2^i \cdot 3^j} \quad (i = 0, 1, \cdots, m, \ j = 0, 1, \cdots, n)$$

のすべての和になります。さらに，$m \to \infty$, $n \to \infty$ とすると，

$$\left(\frac{1}{1}+\frac{1}{2}+\frac{1}{2^2}+\cdots\right)\left(\frac{1}{1}+\frac{1}{3}+\frac{1}{3^2}+\cdots\right)$$

は 2 と 3 の積で表される自然数の逆数

$$\frac{1}{2^i \cdot 3^j} \quad (i,\ j = 0,\ 1,\ 2, \cdots)$$

のすべての和になります。

無限等比級数の和の公式 (4.3) を用いると，2 と 3 の積で表されるすべての自然数の逆数の和は，

$$\begin{aligned}
&\frac{1}{1}+\frac{1}{2}+\frac{1}{3}+\frac{1}{4}+\frac{1}{6}+\frac{1}{8}+\frac{1}{9}+\cdots \\
&=\left(\frac{1}{1}+\frac{1}{2}+\frac{1}{2^2}+\cdots\right)\left(\frac{1}{1}+\frac{1}{3}+\frac{1}{3^2}+\cdots\right) \\
&=\frac{1}{1-\frac{1}{2}}\frac{1}{1-\frac{1}{3}}=\frac{2}{1}\cdot\frac{3}{2}
\end{aligned}$$

と求まります。ここで，厳密にいうと，たし算の順序をかえていますが，すべての項が正の級数は，たし算の順序によらずに収束あるいは発散することが知られています。

素数を小さい順に，$p_1 = 2$, $p_2 = 3$, $\cdots$, p_n とおきます。2 と 3 の場合と同様に考えて，p_1, $\cdots$, p_n の積で表される自然数の逆数

$$\frac{1}{p_1{}^{i_1} \cdot p_2{}^{i_2} \cdots p_n{}^{i_n}} \quad (i_1,\ i_2, \cdots, i_n = 0,\ 1,\ 2, \cdots)$$

のすべての和は

$$\frac{1}{1-\frac{1}{p_1}} \cdot \frac{1}{1-\frac{1}{p_2}} \cdots \frac{1}{1-\frac{1}{p_n}}$$

と求まります。

すべての自然数は，素数の積で一通りに表されます。したがって，n を大きくして，すべての素数について同様に考えると，自然数 n の逆数 $\frac{1}{n}$ のすべての和は，素数 p に対する $\frac{1}{1-\frac{1}{p}}$ のすべての積に一致します。

$$(4.5) \qquad \sum_{n:\text{自然数}} \frac{1}{n} = \prod_{p:\text{素数}} \frac{1}{1-\frac{1}{p}}$$

ここで，素数が有限個であると仮定すると，右辺は有限の値になります。しかし，定理 4.1 でみたように左辺の調和級数は発散します。したがって矛盾が生じ，素数が無限個あることがわかります。

これが，オイラーによる素数の無限性の第 1 の証明です。第 2 章でみたユークリッドの証明とまったく趣が異なります。

証明としてはユークリッドの証明のほうが簡単ですが，このオイラーの手法は解析的な整数論の幕開けとなり，整数論の飛躍的な発展につながりました。

等式 (4.5) は直観的で，「$\infty = \infty$」という式になるので，厳密には意味がありません。厳密に議論する場合は，自然数 n と素数 p の代わりに n^s, p^s ($s > 1$) という関数を考えて，収束する無限和と収束する無限積の等式

$$(4.6) \qquad \sum_{n:\text{自然数}} \frac{1}{n^s} = \prod_{p:\text{素数}} \frac{1}{1-\frac{1}{p^s}} \qquad (s > 1)$$

を示します.そして,s を 1 に近づける,すなわち,n^s, p^s を n, p に近づけるという議論をします.このような厳密な収束の議論は,本書のレベルを超えますので,本書では厳密性は留保して,どのようなからくりで素数の無限性が示せるのかを紹介します.

オイラーは (4.5) 式の考察を深め,素数について次の重要な性質を示しました.

定理 4.2

$$\sum_{p:素数} \frac{1}{p} = \frac{1}{2} + \frac{1}{3} + \frac{1}{5} + \frac{1}{7} + \cdots = \infty$$

つまり,無限大に発散する調和級数の一部分を取り出した素数の逆数の和も,無限大に発散するのです.この定理によって素数が無数にあることがいえるのは,前に述べた通りです.

この定理の証明に移りたいのですが,証明には対数が必要となります.

4.5 対数

整数論の解析的な議論では,対数を考えることが必要になります.この節では,対数について説明しましょう.

a を $a > 0$, $a \neq 1$ を満たす実数とします.$a^r = M$ のとき,

$$r = \log_a M$$

と書き，右辺を a を底とする M の**対数**といいます。M は**真数**と呼ばれ，正の値になります。

対数は，非常に大きな数や非常に小さな数を計算するのに有効です。たとえば，桁数は 10 を底とする対数を考えていることになります。1234567890 は 10 個の数字を使って表される数だから 10 桁ですが，不等式で表すと，

$$10^9 < 1234567890 < 10^{10}$$
$$9 < \log_{10} 1234567890 < 10$$

となり，桁数が右辺に現れます。このように底 a を 10 とする対数を**常用対数**といいます。10 を底とする対数を考えるのは，私たちが使っている数の表記が 10 進法であることが理由で，数学の理論的な要求からくるものではありません。もし私たちが 5 進法の表記を使っていたら，底が 5 の対数を使うことになっていたでしょう。

では，数学的に自然な底は何かというと，

$$e = \lim_{n \to \infty} \left(1 + \frac{1}{n}\right)^n = 2.71828\cdots$$

で定義される無理数 e です。e を底とする対数は**自然対数**と呼ばれ，$\log_e x$ の代わりに，

$$\log x \quad \text{あるいは} \quad \ln x$$

と書きます。自然対数の底 e の定義をみると，不自然な数のような印象を受けますが，円周率 π とならんで，数学や自然界に多く現れる重要な数です。自然対数を用いると，微分の公式が

$$(\log x)' = \frac{1}{x}$$

と簡潔に表されます．逆に，積分を用いると，

(4.7) $$\log x = \int_1^x \frac{dt}{t} \quad (x > 0)$$

と表されます．

指数の公式 $e^m e^n = e^{m+n}$, $(e^n)^r = e^{nr}$ から，対数の公式

$$\log xy = \log x + \log y$$
$$\log x^r = r \log x$$

が成り立ちます．ひとつめの対数の公式は，(4.7) 式と置換積分を用いても示すことができます．

置換積分とは，被積分関数 $f(x)$ の変数 x が微分可能な関数 $g(t)$ を用いて，$x = g(t)$ と表されているとき，

$$\int_a^b f(x)dx = \int_\alpha^\beta f(g(t))g'(t)dt$$

と計算する積分です．ただし，$a = g(\alpha)$, $b = g(\beta)$ です．形式的に x を $g(t)$ に，dx を $g'(t)dt$ に，x の範囲 $[a,b]$ を t の範囲 $[\alpha, \beta]$ に置き換えることによって得られます．

では，置換積分を使って $\log xy = \log x + \log y$ を証明しましょう．

まず，(4.7) 式から

$$\log xy = \int_1^{xy} \frac{dt}{t}$$

$$= \int_1^x \frac{dt}{t} + \int_x^{xy} \frac{dt}{t}$$

$$= \log x + \int_x^{xy} \frac{dt}{t}$$

となり，2 番目の積分が $\log y$ に等しいことを示せばよいことになります。この積分を $t = xs$ と置換して求めると，t について x から xy までの積分範囲が，s について 1 から y までにおきかわり，また dt が xds におきかわって，

$$\int_x^{xy} \frac{dt}{t} = \int_1^y \frac{xds}{xs} = \int_1^y \frac{ds}{s} = \log y$$

となります。

対数の説明の最後に，次節以降に登場する対数の不等式を紹介します。

定理 4.3 $x > -1$ のとき，

$$\frac{x}{1+x} \leqq \log(1+x) \leqq x$$

が成り立つ。また，等号成立は $x = 0$ のときに限る。

$x > -1$ の条件は $\log(1+x)$ の真数 $1+x$ が正であることから出てきます。

[証明]

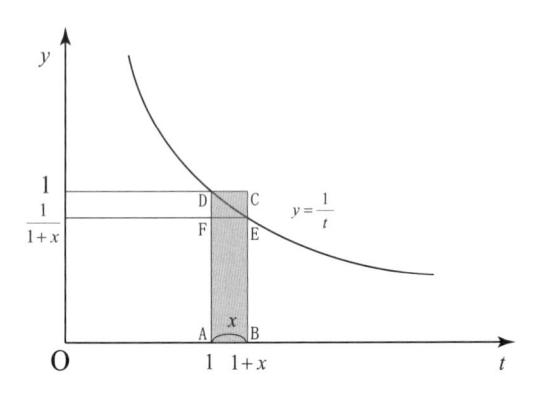

図 4.1: $x > 0$ の場合

まず，$x > 0$ の場合を考えます．

$$\log(1+x) = \int_1^{1+x} \frac{dt}{t}$$

で，図 4.1 における面積の関係から，

$$\text{四角形 ABEF} < \int_1^{1+x} \frac{dt}{t} < \text{四角形 ABCD}$$

より，

$$\frac{1}{1+x} \times x < \int_1^{1+x} \frac{dt}{t} < 1 \times x$$

となって，定理の不等式が成り立ちます．

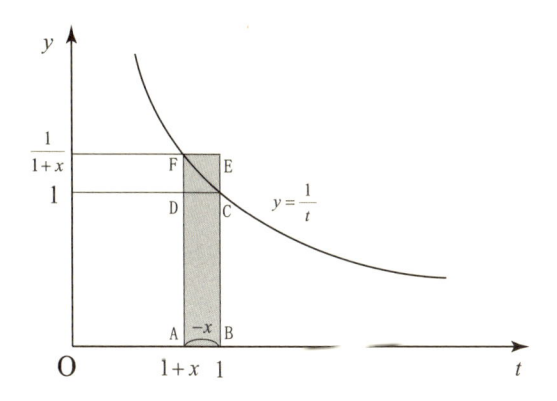

第4章 素数の無限性(2)〜オイラーのしらべ

図 4.2: $-1 < x < 0$ の場合

$-1 < x < 0$ の場合も同様にして示すことができます。
図 4.2 における面積の関係から，

$$\text{四角形 ABCD} < \int_{1+x}^{1} \frac{dt}{t} < \text{四角形 ABEF}$$

より，

$$-x < \int_{1+x}^{1} \frac{dt}{t} < \frac{-x}{1+x}$$

となります。

$$\int_{1+x}^{1} \frac{dt}{t} = -\int_{1}^{1+x} \frac{dt}{t} = -\log(1+x)$$

だから，この場合も

$$\frac{x}{1+x} < \log(1+x) < x$$

となります。

$x = 0$ のときは、3つの項がすべて 0 になり、等号が成立します。以上の議論より、等号成立が $x = 0$ に限ることもわかります。 □

本書では、定理 4.3 に、$x = \pm \dfrac{1}{p}$ を代入し、$-\log\left(1 \pm \dfrac{1}{p}\right)$ の不等式として用います。つまり、$x = -\dfrac{1}{p}$ として得られる不等式

$$(4.8) \qquad \frac{1}{p} < -\log\left(1 - \frac{1}{p}\right) < \frac{1}{p-1}$$

や、$x = \dfrac{1}{p}$ として得られる不等式

$$(4.9) \qquad -\frac{1}{p} < -\log\left(1 + \frac{1}{p}\right) < -\frac{1}{p+1}$$

を用います。

4.6 素数の逆数の和

以上の準備のもと、定理 4.2, つまり素数の逆数の和が発散することを証明しましょう。ここでは、不等式を利用して証明します。

[定理 4.2 の証明]
n を自然数とし、

第4章 素数の無限性(2)〜オイラーのしらべ

$$S_n = \frac{1}{1} + \frac{1}{2} + \frac{1}{3} + \cdots + \frac{1}{n}$$

とおきます。n 以下の素数を $p_1 = 2$, $p_2 = 3$, $\cdots$, p_m とします。n 以下の自然数は，これらの素数で素因数分解されるので，

$$S_n = \frac{1}{1} + \frac{1}{2} + \frac{1}{3} + \cdots + \frac{1}{n} < \frac{1}{1-\frac{1}{2}} \cdot \frac{1}{1-\frac{1}{3}} \cdots \frac{1}{1-\frac{1}{p_m}}$$

が成り立ちます。なぜなら，4.4 節で説明したように，右辺は p_1, $\cdots$, p_m の積で表される自然数の逆数すべての和になるからです。

両辺の自然対数をとると，

$$\log S_n < \log \frac{1}{1-\frac{1}{2}} \cdot \frac{1}{1-\frac{1}{3}} \cdots \frac{1}{1-\frac{1}{p_m}}$$

となります。

対数の公式を用いると，

$$\log S_n < -\log\left(1-\frac{1}{2}\right) - \log\left(1-\frac{1}{3}\right) - \cdots - \log\left(1-\frac{1}{p_m}\right)$$

が成り立ちます。右辺の各項に (4.8) を用いると，

$$\log S_n < \frac{1}{2-1} + \frac{1}{3-1} + \frac{1}{5-1} + \frac{1}{7-1} + \cdots + \frac{1}{p_m - 1}$$

となります。

右辺の 3 項目以降に $\dfrac{1}{p_m - 1} < \dfrac{1}{p_{m-1}}$ $(m \geqq 3)$ を適用すると，

$$\log S_n < 1 + \frac{1}{2} + \frac{1}{3} + \frac{1}{5} + \cdots + \frac{1}{p_{m-1}}$$

となります。これよりさらに

$$\log S_n < 1 + \left(\frac{1}{2} + \frac{1}{3} + \frac{1}{5} + \cdots + \frac{1}{p_{m-1}} + \frac{1}{p_m}\right)$$

が成り立ちます。$n \to \infty$ のとき，$\log S_n \to \infty$ で，$m \to \infty$ なので，n 以下の素数の逆数和は，

$$\frac{1}{2} + \frac{1}{3} + \frac{1}{5} + \cdots + \frac{1}{p_m} \to \infty \quad (n \to \infty)$$

と発散します。これで定理 4.2 が証明できました。

4.7　ライプニッツの公式

4.3 節で，調和級数 $\displaystyle\sum_{n:\text{自然数}} \frac{1}{n}$ は発散することを示しました。そして，この事実が $\displaystyle\sum_{p:\text{素数}} \frac{1}{p}$ の発散を導きました。

$4n+1$ の素数や $4n+3$ の素数の無限性を証明するには，

$$\sum_{p:\text{奇数の素数}} \frac{(-1)^{\frac{p-1}{2}}}{p} = -\frac{1}{3} + \frac{1}{5} - \frac{1}{7} - \frac{1}{11} + \frac{1}{13} + \cdots$$

が有限の値に収束することを用います。この事実は，どのような級数の収束や発散から導かれるのでしょうか。

実は，$\displaystyle\sum_{p:奇数の素数} \frac{(-1)^{\frac{p-1}{2}}}{p}$ が有限の値に収束することは，次の定理から導かれます。ライプニッツは，この公式を見出したことで数学の道に入ったといわれています。

> **定理 4.4**
> $$\frac{1}{1} - \frac{1}{3} + \frac{1}{5} - \frac{1}{7} + \frac{1}{9} - \cdots = \frac{\pi}{4}$$

このように，正の数と負の数を交互にたすことを**交代和**といいます。定理 4.4 は，奇数の逆数の交代和が円周率 π の $\frac{1}{4}$ になるという公式です。無限級数が思いがけない数と結びつくのは，本当に不思議です。

[証明] 積分

$$\int_0^1 \frac{dt}{1+t^2}$$

を 2 通りの方法で計算し，証明します。

無限等比級数の和の公式 (4.3) で $r = -t^2$ とおくと，

$$\frac{1}{1+t^2} = 1 - t^2 + t^4 - t^6 + \cdots$$

となります。よって，

$$\int_0^1 \frac{dt}{1+t^2} = \int_0^1 (1 - t^2 + t^4 - t^6 + \cdots) dt$$

$$= \left[t - \frac{t^3}{3} + \frac{t^5}{5} - \frac{t^7}{7} + \cdots \right]_0^1$$
$$= \frac{1}{1} - \frac{1}{3} + \frac{1}{5} - \frac{1}{7} + \cdots$$

と計算され,定理 4.4 の左辺が求まります。

一方,$t = \tan\theta$ とおいた置換積分を考えます。t の 0 から 1 の積分範囲が,θ の 0 から $\frac{\pi}{4}$ の積分範囲に置換されます。$\tan\theta = \frac{\sin\theta}{\cos\theta}$ より,商の微分の公式を用いて計算すると,

$$\frac{dt}{d\theta} = \frac{(\sin\theta)'\cos\theta - \sin\theta(\cos\theta)'}{\cos^2\theta}$$
$$= \frac{\cos^2\theta + \sin^2\theta}{\cos^2\theta} = \frac{1}{\cos^2\theta}$$

となるので,

$$dt = \frac{d\theta}{\cos^2\theta}$$

と置換されます。したがって,

$$\int_0^1 \frac{dt}{1+t^2} = \int_0^{\frac{\pi}{4}} \frac{1}{1+\tan^2\theta} \frac{d\theta}{\cos^2\theta}$$
$$= \int_0^{\frac{\pi}{4}} d\theta = \frac{\pi}{4}$$

となり,定理 4.4 の右辺が求まります。ここで,右辺の変形には,

第 4 章 素数の無限性 (2)〜オイラーのしらべ

$$1 + \tan^2 \theta = \frac{1}{\cos^2 \theta}$$

を用いています。

以上により，定理 4.4 が証明されました。 □

定理 4.4 のような無限級数の存在は，他にも知られています。

$$\frac{1}{1} - \frac{1}{2} + \frac{1}{3} - \frac{1}{4} + \frac{1}{5} - \frac{1}{6} + \cdots = \log 2$$

や

$$\frac{1}{1} - \frac{1}{2} + \frac{1}{4} - \frac{1}{5} + \frac{1}{7} - \frac{1}{8} + \cdots = \frac{\pi}{3\sqrt{3}}$$

あるいは，

$$\frac{1}{1} - \frac{1}{3} - \frac{1}{5} + \frac{1}{7} + \frac{1}{9} - \frac{1}{11} - \frac{1}{13} + \frac{1}{15}$$

$$+ \cdots (\text{正負は 8 ごとに繰り返す}) = \frac{1}{\sqrt{2}} \log(1 + \sqrt{2})$$

等々の美しい公式が成り立ちます。2 番目の公式はアイゼンシュタイン整数，すなわち，$a + b \dfrac{1 + \sqrt{3}i}{2}$ という形の数に関係し，3 番目の公式は $a + b\sqrt{2}$ という形の数に関係することが知られています。

4.8 $4n+1$, $4n+3$ の素数の無限性

オイラーは，定理 4.4 を活用して，$4n+1$, $4n+3$ の素数の無限性を示しています。方針は，定理 4.2 の類似の命題を $4n+1$, $4n+3$ の素数に関して示すことです。

そこでまず，定理 4.4 の左辺の符号の規則性を調べましょう。

$$\frac{1}{1} - \frac{1}{3} + \frac{1}{5} - \frac{1}{7} + \frac{1}{9} - \frac{1}{11} + \cdots$$

は，奇数の逆数の交代和です。交代和はひとつおきにみると，同じ符号になっています。

$$+\frac{1}{1}, \ +\frac{1}{5}, \ +\frac{1}{9}, \cdots$$

が正の符号となり，

$$-\frac{1}{3}, \ -\frac{1}{7}, \ -\frac{1}{11}, \cdots$$

が負の符号となります。いいかえると，$4n+1$ の形の奇数は正の符号，$4n+3$ の形の奇数は負の符号です。k を奇数とすると符号を式で

$$(-1)^{\frac{k-1}{2}}$$

と表すこともできます。

$$(-1)^{\frac{(4n+1)-1}{2}} = (-1)^{2n} = 1$$
$$(-1)^{\frac{(4n+3)-1}{2}} = (-1)^{2n+1} = -1$$

と確かめられます。さらに，この符号について次の定理が成り立ちます。

> **定理 4.5** ℓ, m を奇数とする。このとき，
> $$(-1)^{\frac{\ell m - 1}{2}} = (-1)^{\frac{\ell-1}{2}}(-1)^{\frac{m-1}{2}}$$
> が成り立つ。

[証明]

$$\frac{\ell m - 1}{2} = \frac{\ell m - m + m - 1}{2} = \frac{(\ell-1)m + m - 1}{2}$$

であることより，m が奇数であることに注意すると，

$$(-1)^{\frac{\ell m - 1}{2}} = \left((-1)^{\frac{\ell-1}{2}}\right)^m (-1)^{\frac{m-1}{2}} = (-1)^{\frac{\ell-1}{2}}(-1)^{\frac{m-1}{2}}$$

となります。 □

定理 4.5 を用いると，符号 $(-1)^{\frac{k-1}{2}}$ を計算するには，奇数 k を素因数分解して，素数ごとに符号を求めればよいことになります。ところが，$4n+1$ の素数に対しては符号が正になるので，$(-1)^{\frac{k-1}{2}}$ の正負は，k の素因数になる $4n+3$ の素数の個数の偶奇に応じて決まることがわかります。

ここで，$4n+3$ の素数の個数は，重複を許して数えます。たとえば，$k = 45 = 3^2 \cdot 5$ のとき，k の $4n+3$ の素因数は 2 個と数えます。したがって，定理 4.5 を用いると，$(-1)^{\frac{45-1}{2}}$ は正です。実際，

$$(-1)^{\frac{45-1}{2}} = (-1)^{22} = 1$$

と確かめられます。

以上の準備のもと，定理 4.4 の左辺を素数に関する無限積で表します。(4.5) 式と同様，厳密な収束の議論はしませんが，証明のアイディアを紹介します。

まず，ライプニッツの公式は，

$$\frac{\pi}{4} = \frac{1}{1} - \frac{1}{3} + \frac{1}{5} - \frac{1}{7} + \frac{1}{9} - \cdots = \sum_{m:\text{奇数}} \frac{(-1)^{\frac{m-1}{2}}}{m}$$

でした。この無限和と次の無限積

$$\prod_{p:\text{奇数の素数}} \frac{1}{1 - \frac{(-1)^{\frac{p-1}{2}}}{p}} = \frac{1}{1+\frac{1}{3}} \cdot \frac{1}{1-\frac{1}{5}} \cdot \frac{1}{1+\frac{1}{7}} \cdots$$

とを比較すると，次の定理が得られます。

定理 4.6
(4.10)
$$\frac{\pi}{4} = \sum_{m:\text{奇数}} \frac{(-1)^{\frac{m-1}{2}}}{m} = \prod_{p:\text{奇数の素数}} \frac{1}{1 - \frac{(-1)^{\frac{p-1}{2}}}{p}}$$

[証明]

123 ページの (4.5) 式と同様に証明します。

(4.10) 式の中央の項の分母を素因数分解して

$$m = 3^a \cdot 5^b \cdot 7^c \cdot 11^d \cdot 13^e \cdots$$

とおきます。ここで，a, b, c, d, e, $\cdots$ は 0 以上の整数

です。

このとき，

$$\frac{(-1)^{\frac{m-1}{2}}}{m} = \frac{(-1)^{\frac{m-1}{2}}}{3^a \cdot 5^b \cdot 7^c \cdot 11^d \cdot 13^e \cdots}$$

となります。

一方，(4.10) 式の右辺の各因数 $\dfrac{1}{1-\frac{(-1)^{\frac{p-1}{2}}}{p}}$ は，公比 $\dfrac{(-1)^{\frac{p-1}{2}}}{p}$ の無限等比級数

$$1 + \frac{(-1)^{\frac{p-1}{2}}}{p} + \frac{(-1)^{\frac{2(p-1)}{2}}}{p^2} + \frac{(-1)^{\frac{3(p-1)}{2}}}{p^3} + \cdots$$

の積となります。素因数分解の一意性より，(4.10) 式の右辺を展開すると各項は，

$$\frac{(-1)^a}{3^a} \cdot \frac{1}{5^b} \cdot \frac{(-1)^c}{7^c} \cdot \frac{(-1)^d}{11^d} \cdot \frac{1}{13^e} \cdots = \frac{(-1)^{a+c+d+\cdots}}{3^a \cdot 5^b \cdot 7^c \cdot 11^d \cdot 13^e \cdots}$$

となります。分子の (-1) の指数 $a+c+d+\cdots$ は，m の $4n+3$ の奇数の素因数の (重複を許した) 個数だから，定理 4.5 より，

$$(-1)^{\frac{m-1}{2}} = (-1)^{a+c+d+\cdots}$$

が成り立ちます。

以上により，定理 4.6 が示されました。　　　□

先に述べたように,オイラーは $\sum_{p:奇数の素数} \dfrac{(-1)^{\frac{p-1}{2}}}{p}$ の値を求めています。値を求めることは,本書のレベルを超えるので説明できませんが,$4n+1$ と $4n+3$ の素数の無限性の証明に必要な $\sum_{p:奇数の素数} \dfrac{(-1)^{\frac{p-1}{2}}}{p}$ が有限の範囲に値をとることは,以下のようにして説明できます。

(4.10) 式の両辺の対数をとって,

$$\log \frac{\pi}{4} = \log \frac{1}{1+\frac{1}{3}} \cdot \frac{1}{1-\frac{1}{5}} \cdot \frac{1}{1+\frac{1}{7}} \cdot \frac{1}{1+\frac{1}{11}} \cdots$$

となります。対数の公式を用いると,

$$\log \frac{\pi}{4} = -\log\left(1+\frac{1}{3}\right) - \log\left(1-\frac{1}{5}\right) - \log\left(1+\frac{1}{7}\right) - \cdots$$

$$= -\sum_{p:奇数の素数} \log\left(1 - \frac{(-1)^{\frac{p-1}{2}}}{p}\right)$$

となります。

ここで,素数 p が $4n+1$ の素数か,$4n+3$ の素数かに応じて,各項を以下のように変形します。

p が $4n+1$ の素数であるとき,(4.8) 式より,

$$\frac{1}{p} < -\log\left(1 - \frac{1}{p}\right) < \frac{1}{p-1}$$

であり,

第4章 素数の無限性(2)〜オイラーのしらべ

$$0 < -\log\left(1 - \frac{1}{p}\right) - \frac{1}{p} < \frac{1}{p(p-1)}$$

となって，$4n+1$ の素数についてたし合わせると，
(4.11)
$$0 < \sum_{p:4n+1 \text{ の素数}} \left\{-\log\left(1-\frac{1}{p}\right) - \frac{1}{p}\right\} < \sum_{p:4n+1 \text{ の素数}} \frac{1}{p(p-1)}$$

となります。

p が $4n+3$ の素数であるとき，(4.9) 式より，

$$-\frac{1}{p} < -\log\left(1 + \frac{1}{p}\right) < -\frac{1}{p+1}$$

であり，

$$0 < -\log\left(1 + \frac{1}{p}\right) + \frac{1}{p} < \frac{1}{p(p+1)}$$

となって，$4n+3$ の素数についてたし合わせると，
(4.12)
$$0 < \sum_{p:4n+3 \text{ の素数}} \left\{-\log\left(1+\frac{1}{p}\right) + \frac{1}{p}\right\} < \sum_{p:4n+3 \text{ の素数}} \frac{1}{p(p+1)}$$

となります。

(4.11) 式と (4.12) 式をまとめると，

$$0 < \sum_{p:\text{奇数の素数}} \left\{-\log\left(1 - \frac{(-1)^{\frac{p-1}{2}}}{p}\right) - \frac{(-1)^{\frac{p-1}{2}}}{p}\right\}$$

141

$$< \sum_{p:4n+1 \text{の素数}} \frac{1}{p(p-1)} + \sum_{p:4n+3 \text{の素数}} \frac{1}{p(p+1)}$$

となります。そして，

$$\sum_{p:\text{奇数の素数}} -\log\left(1 - \frac{(-1)^{\frac{p-1}{2}}}{p}\right) = \log\frac{\pi}{4}$$

であり，

$$\sum_{p:4n+1 \text{の素数}} \frac{1}{p(p-1)} + \sum_{p:4n+3 \text{の素数}} \frac{1}{p(p+1)}$$
$$< \sum_{n:\text{自然数}} \frac{1}{n(n+1)} = 1$$

だから，

$$0 < \log\frac{\pi}{4} - \sum_{p:\text{奇数の素数}} \frac{(-1)^{\frac{p-1}{2}}}{p} < 1$$

となります。したがって，

$$\log\frac{\pi}{4} - 1 < \sum_{p:\text{奇数の素数}} \frac{(-1)^{\frac{p-1}{2}}}{p} < \log\frac{\pi}{4}$$

が成り立ち，$\displaystyle\sum_{p:\text{奇数の素数}} \frac{(-1)^{\frac{p-1}{2}}}{p}$ が有限の範囲に値をとることが示せました。

以上の準備をふまえて，いよいよ $4n+1$ と $4n+3$ の素

第4章 素数の無限性(2)〜オイラーのしらべ

数が無数に存在することが証明できます。次の定理が成り立ちます。

> **定理 4.7**
>
> $$\sum_{p:4n+1 \text{ の素数}} \frac{1}{p} = \infty, \quad \sum_{p:4n+3 \text{ の素数}} \frac{1}{p} = \infty$$
>
> が成り立つ。とくに，$4n+1$ の素数と $4n+3$ の素数はともに無数に存在する。

[証明]

$$\sum_{p:\text{素数}} \frac{1}{p} = \frac{1}{2} + \sum_{p:4n+1 \text{ の素数}} \frac{1}{p} + \sum_{p:4n+3 \text{ の素数}} \frac{1}{p}$$

が成り立ちます。左辺は無限に発散するので，$\displaystyle\sum_{p:4n+1 \text{ の素数}} \frac{1}{p}$ と $\displaystyle\sum_{p:4n+3 \text{ の素数}} \frac{1}{p}$ の少なくともひとつは，無限に発散します。

一方，

$$\sum_{p:\text{奇数の素数}} \frac{(-1)^{\frac{p-1}{2}}}{p} = \sum_{p:4n+1 \text{ の素数}} \frac{1}{p} - \sum_{p:4n+3 \text{ の素数}} \frac{1}{p}$$

は有限の値に収束します。

したがって，もし仮に $\displaystyle\sum_{p:4n+1 \text{ の素数}} \frac{1}{p}$ が有限の値に収束

すれば，$\displaystyle\sum_{p:4n+3 \text{ の素数}} \frac{1}{p}$ も有限の値に収束することになり，矛盾が生じます。逆も同様です。

したがって，$\displaystyle\sum_{p:4n+1 \text{ の素数}} \frac{1}{p}$ と $\displaystyle\sum_{p:4n+3 \text{ の素数}} \frac{1}{p}$ の両方とも無限大に発散することがわかります。 □

これらの論法は，ディリクレにより，一般の等差数列中の素数の無限性に一般化され，**ディリクレの算術級数定理**と呼ばれています。算術級数は耳慣れない言葉ですが，等差数列のことです。

> **定理 4.8** a と b を互いに素であるような 2 つの自然数とするとき，$an+b$ の素数が無数に存在する。

a と b が互いに素でなければ，$an+b$ はつねに a と b の公約数である d で割り切れ，素数にはなりません。そのような場合を除くと，等差数列 $\{an+b\}$ の中に無数に素数が存在するという主張です。これはユークリッドの方法では証明できなかった定理です。オイラーが調和級数の発散に着目したことにより，証明への道が開けました。

算術級数定理の証明は本書のレベルをはるかに超えるので，残念ながら紹介することはできません。複素関数の解析 (微分積分) を駆使して証明されます。

ディリクレはドイツの数学者です。フランスでフーリエと親しくし，フーリエ級数の研究に関連して関数概念を明

確にしました。数学の各方面の研究がありますが，ガウスの整数論に強い影響を受け，旅行中もガウスの著書『整数論』を持ち歩いたという逸話が残っています。解析的手法を整数論に持ち込むことによって算術級数定理をはじめとする多くの結果を得ています。1839年にベルリン大学教授，1855年にはゲッチンゲン大学教授に就任しました。

第 5 章 等差数列と相互法則
〜ガウスのしらべ

カール・フリードリッヒ・ガウス(1777–1855)

Carl Friedrich Gauss

　ガウスは，数学史上，最大の数学者の一人であるといって異論を唱える人はいません。ドイツのブラウンシュヴァイクで生まれました。

　ガウスは言葉が話せるようになる前から，誰に教えてもらったわけでもないのに計算することができたといわれています。3歳になったばかりのある日，父親が労働者たちに払う給料を計算していたとき，計算に手こずっている父親をじっとみていたガウスは，その計算間違いを指摘したという逸話があります。

　ガウスが小学校低学年の頃に，校長のビュットナーが算数の授業で，1から100までの整数をすべてたすという問題を出しました。ビュットナーが問題を言い終わるやいなや，ガウスはたし算の公式を考え出し，暗算で答えを出したということです。この方法は等差数列の和の公式として知られているもので，第2章で説明したとおりです。

　12歳になったガウスは，ユークリッドの『原論』の平行線公準の問題を考え始めました。しかし，ガウスは平行線公準は本当に成り立つのか，と考えたところがそれまでの数学者とは異なっていました。そして15歳の頃のガウスは，論理的に矛盾のない幾何学で，ユークリッドの平行線公準が成り立たないものが存在するという考えをもつようになりました。

　第1章で紹介したように，15歳か16歳のときには，多く

の数値計算をもとに，自然数 n が素数である確率は $\dfrac{1}{\log n}$ であることを見出しています。これをのちに，アダマールとド・ラ・バレ・プッサンが独立に証明し，素数定理として整数論の重要な結果となっています。

ブラウンシュヴァイクの公爵の援助を受けることができるようになったガウスは 1795 年，18 歳でゲッチンゲン大学に入学しました。

同年，ガウス自ら「黄金定理」と呼んだ平方剰余の相互法則を証明しています。そしてガウスは，生涯にわたりたびたびこの法則に戻ってきます。7 つの異なる証明を与えていて，そのどれからも新しい理論が生まれました。

1795 年にゲッチンゲン大学に入学した当初のガウスは，まだ数学者になるか言語学者になるかを決めかねていました。1796 年，19 歳になったガウスは，作図可能な正多角形とフェルマー素数との関係を明らかにし，正 17 角形の作図を完成しました。ガウスは，この発見を非常に喜び，数学者になる決心をしたといいます。

1799 年 (22 歳)，代数学の基本定理を証明して，代数方程式を解くのに数の範囲を複素数からさらに広げる必要がないことを示しました。

1801 年 (24 歳) には『整数論』を出版。印刷に手間取ってようやくこの年に刊行された同書には，合同式，2 元 2 次の不定方程式の解法，平方剰余の相互法則，円分体論などが書かれていて，数学界を揺るがす画期的な大著作でした。ルジャンドルが少し前に『数の理論』を書いていましたが，ガウスの本が出ることによって色あせてしまったほ

どでした。

　この年，ガウスの名をさらに世に広める事件が起こります。1801年の1月1日にイタリアのアマチュア天文学者が彗星と思われる小さな天体を発見しましたが，すぐに姿を消してしまいました。ボーデの法則から予想される小遊星かもしれないと話題になり，ガウスはわずかの観測値から軌道を計算しました。そして，最初に発見されたこの小遊星セレスは同じ年の12月，ガウスが計算したとおりの位置で再発見されました。この後，ガウスの天体力学の研究が始まります。

　1807年，30歳のときにゲッチンゲン大学の教授に任命され，天文台長を兼任しています。そして1855年に逝去するまで，この職にありました。この間，統計の誤差の分布が正規分布であることを証明し，また，最小2乗法として知られている手法をあみ出しています。

　さらには曲面論で，ガウスの曲率の発見など微分幾何の基礎を築きました。天文台長を務めるかたわら国土の測量まで引き受け，この測地学の問題がきっかけで『曲面の一般的研究』(1827年)を書き上げました。そして，ここから非ユークリッド幾何への道が開かれました。

　複素関数論では楕円積分からこんにちの代数関数論の萌芽が生まれ，レムニスケートの研究をしています。

　物理学ではガウスという単位があるように，地磁気の研究から磁気の理論の研究を行いました。

　ガウスの興味は驚くほど広範囲に及んでいて，純粋数学にとどまらず数学のさまざまな分野において，大きな成果を残しています。

19世紀後半にガウスの未発表の研究に関する調査が行われ，ガウスが研究のアイディアを部分的にしか公表していなかったことが明らかになりました。ガウスは論文で発表した内容以上に深い研究をしていることがわかり，その偉大さが改めて知られることになりました。

5.1 連分数と素数の個性

$$(5.1) \qquad x^2 + y^2 = n$$

のような整数係数の不定方程式は，3世紀頃のディオファントスの時代から扱われている問題です。ディオファントスは主に有理数の解を求めましたが，フェルマーは整数解を求めるという難しい問題を研究しました。このことから，フェルマーは近代整数論の祖と呼ばれています。

ディオファントスは古代における最もよく知られた整数論の学者で，アレクサンドリアで活躍しました。不定方程式論を研究し，主著『数論』は文字を使って方程式を表した最初の数学書です。この書は16世紀にラテン語に翻訳されます。ギリシャ語原典を収録したバシェによる訳書を読んだフェルマーが，整数論の重要な発見をその本の余白に記したことはよく知られています。

フェルマーは**ペル方程式**と呼ばれる

$$(5.2) \qquad x^2 - dy^2 = \pm 1 \quad (d \text{ は平方数でない自然数})$$

という形の不定方程式を研究し，整数解が無数にあることを見出します。その後，ラグランジュが連分数の理論をつくって，ペル方程式 (5.2) のすべての解を与えます。

(5.1) 式や (5.2) 式は，2次不定方程式

$$(5.3) \qquad ax^2 + bxy + cy^2 = k$$

の特別な場合です。フェルマーの結果に惹かれたオイラーは2次不定方程式を深く研究しますが，彼が取り組んだの

は一般論というよりは特殊な場合の研究でした。

その後，ラグランジュが一般論の基礎を築き，ルジャンドルがこれを受け継ぎます。そして，ガウスがより体系的に2次不定方程式の理論を完成させます。ガウスの理論によれば，(5.3) 式がいつ解をもつか，解の個数はいくつか，等の問題を簡潔に解くことができます。

このように個別の方程式を問題にするのではなく，方程式の背後に潜む理論を解明し，その理論を特別な場合に応用して問題を解くのがガウスの慧眼です。そして，同じ問題の背後に複数の理論を見出すのもまた，ガウスの特徴でした。

たとえば，平方和定理に少なくとも3通りの証明を与えていて，それぞれに違う理論が展開されます。平方剰余の相互法則には7通りの証明を与えていて，やはりそれぞれに違う数学が発展しました。

本章では，連分数，平方剰余の相互法則，ガウス整数を軸に，$4n+1$，$4n+3$ の素数の個性を紹介します。ラグランジュ，ルジャンドル，そしてガウスの数学の一端を知っていただければ幸いです。

まず，この節では，連分数を紹介します。ペル方程式の解の存在証明だけでなく，問題の解を具体的に与えるために，連分数の理論は整数論において有用な方法で，主にラグランジュによって理論が築かれました。平方和定理の別の証明にも関係しています。連分数の理論は，オイラーからガウスにいたる過程で重要な役割を果たしています。

ラグランジュはイタリアのトリノで生まれ，のちにオイラーにその才能を見出されて，1766年にオイラーの後任と

してベルリン科学アカデミーの数学部長に就任しています。1787年にパリに移り，1795年にエコール・ポリテクニクの初代学長に就任しました。

ラグランジュは，オイラー以後の18世紀後半を代表する数学者で，変分法の研究をし，解析力学を創始しました。数論への貢献は，2次形式の理論や連分数の理論があります。すべての自然数はたかだか4つの平方数の和で表されるという四平方和定理も証明しています。また，代数方程式の解法を研究し，5次以上の方程式は代数的に解けないという，アーベルやガロアの研究の先駆をなしました。

$$q_0 + \cfrac{1}{q_1 + \cfrac{1}{q_2 + \cdots}}$$

という形の分数を**連分数**といいます。連分数は無理数を表す方法のひとつです。無理数は，無限に続く連分数で表されることが知られています。そして，連分数にもまた，$4n+1$ の素数と $4n+3$ の素数の個性が姿を現します。

上の連分数を簡単に

$$[q_0, q_1, q_2, \cdots]$$

と表すことにします。たとえば，

$$[1,2] = 1 + \frac{1}{2} = \frac{3}{2}, \quad [1,2,3] = 1 + \frac{1}{2+\frac{1}{3}} = 1 + \frac{3}{7} = \frac{10}{7}$$

となります。項 q_k の数が有限か無限かに応じて，有限連分数，無限連分数と呼びます。

項 q_k が無数にあり，数列

第5章 等差数列と相互法則〜ガウスのしらべ

$$[q_0],\ [q_0, q_1],\ [q_0, q_1, q_2], \cdots$$

が収束する場合に,連分数 $[q_0, q_1, q_2, \cdots]$ が**収束**する,といいます。

たとえば,$[1, 1, 1, \cdots]$ を考えると,

$$[1] = 1,\ [1,1] = 1 + \frac{1}{1} = 2,\ [1,1,1] = 1 + \frac{1}{1 + \frac{1}{1}} = \frac{3}{2} = 1.5$$

となり,さらに,

$$[1,1,1,1] = 1 + \frac{1}{1 + \frac{1}{1 + \frac{1}{1}}} = 1 + \frac{1}{[1,1,1]}$$

$$= 1 + \frac{1}{\frac{3}{2}} = \frac{5}{3} = 1.666\cdots$$

$$[1,1,1,1,1] = 1 + \frac{1}{1 + \frac{1}{1 + \frac{1}{1 + \frac{1}{1}}}} = 1 + \frac{1}{[1,1,1,1]}$$

$$= 1 + \frac{1}{\frac{5}{3}} = \frac{8}{5} = 1.6$$

と一定の値に近づきそうです。値を求めるには,

$$[1,1,1,\cdots] = 1 + \frac{1}{1 + \frac{1}{1 + \cdots}}$$

の右辺の分数の分母が再び $[1,1,1,\cdots]$ になっていることに着目し,

$$[1,1,1,\cdots] = 1 + \frac{1}{[1,1,1,\cdots]}$$

を解きます。両辺に $[1,1,1,\cdots]$ をかけて，2次方程式

$$[1,1,1,\cdots]^2 = [1,1,1,\cdots] + 1$$

を得ます。解の公式と $[1,1,1,\cdots] > 1$ を用いると，

$$[1,1,1,\cdots] = \frac{1+\sqrt{5}}{2}$$

となります。$[1,1,1,\cdots]$ は黄金比です。黄金比は，美術や建築で美しい造形を表す比として登場しますが，この連分数表示にも，黄金比の美しさが現れています。

$[1,1,1,\cdots]$ のように，周期的に項が同じになる連分数を**循環連分数**といいます。繰り返しの一周期を用いて，

$$[1,2,3,1,2,3,1,2,3,\cdots] = [\overline{1,2,3}]$$

のように表すことにします。

なぜ連分数を考えるのかというと，連分数が有理数係数の2次方程式の解になる無理数の性質をよく表すからです。たとえば，$\sqrt{2}$ は2次方程式 $x^2 - 2 = 0$ の解，黄金比は $x^2 - x - 1 = 0$ の解です。とくに，素数 p に対して $\sqrt{p}$ を連分数で表すと，そこにふたたび，$4n+1$ の素数と $4n+3$ の素数の個性が現れます。

正の実数 α を連分数で表すには，以下の方法を用います。まず，α の整数部分を q_0 とおきます。α の小数部分が0ならば，$\alpha = [q_0]$ で有限連分数で表されたことになります。小数部分が0でなければ，

$$\alpha = q_0 + \frac{1}{\alpha_1}$$

とおきます。ここで,

$$0 < \frac{1}{\alpha_1} < 1$$

だから,

$$\alpha_1 > 1$$

となります。今度は α_1 の整数部分を q_1 とおきます。α_1 の小数部分が 0 ならば, $\alpha = [q_0, q_1]$ で有限連分数で表されたことになります。小数部分が 0 でなければ,

$$\alpha = q_0 + \cfrac{1}{q_1 + \cfrac{1}{\alpha_2}}$$

とおきます。以下,繰り返すと,

$$\alpha = [q_0, q_1, q_2, \cdots]$$

と連分数で表示されます。このような方法を α の**連分数展開**といいます。

たとえば, $\alpha = \sqrt{2}$ とすると, $\sqrt{2} = 1.414\cdots$ なので, 整数部分は 1 です。したがって, 小数部分は $\sqrt{2} - 1$ となるので,

$$\sqrt{2} = 1 + (\sqrt{2} - 1) = 1 + \cfrac{1}{\cfrac{1}{\sqrt{2}-1}}$$

となります。$\dfrac{1}{\sqrt{2}-1}$ の分母を有理化して, $\dfrac{1}{\sqrt{2}-1} = 1 + \sqrt{2}$ となるので,

$$\sqrt{2} = 1 + \frac{1}{1+\sqrt{2}}$$

が得られ，

$$q_0 = 1, \ \alpha_1 = 1 + \sqrt{2}$$

となります．また，同様にして，

$$\alpha_1 = 1 + \sqrt{2} = 2 + (\sqrt{2}-1) = 2 + \frac{1}{1+\sqrt{2}}$$

となり，

$$q_2 = 2, \ \alpha_2 = 1 + \sqrt{2}$$

となります．$\alpha_2 = \alpha_1$ ですから，以下同じ計算が繰り返されることになります．したがって，$\sqrt{2}$ の連分数は周期的で，

$$\sqrt{2} = [1, \overline{2}] = 1 + \frac{1}{2 + \frac{1}{2+\cdots}}$$

となります．

もう一例計算しましょう．$\alpha = \sqrt{3}$ とすると，$\sqrt{2}$ のときと同様にして，

$$\sqrt{3} = 1 + (\sqrt{3}-1) = q_0 + \frac{1}{\alpha_1}$$

$$\alpha_1 = \frac{1}{\sqrt{3}-1} = \frac{1+\sqrt{3}}{2} = 1 + \frac{\sqrt{3}-1}{2} = q_1 + \frac{1}{\alpha_2}$$

$$\alpha_2 = \frac{2}{\sqrt{3}-1} = 1 + \sqrt{3} = 2 + (\sqrt{3}-1) = q_2 + \frac{1}{\alpha_3}$$

となり，

$$q_0 = 1,\ q_1 = 1,\ q_2 = 2$$

です。そして、$\alpha_3 = \alpha_1$ ですから、以下同じ計算が繰り返されます。したがって、$\sqrt{3}$ の連分数は周期的で、

$$\sqrt{3} = [1, \overline{1, 2}] = 1 + \cfrac{1}{1 + \cfrac{1}{2 + \cdots}}$$

となります。

このような計算で $\sqrt{p}$ の連分数展開を求めると、次のようになります。

p	連分数展開
2	$[1, \overline{2}]$
3	$[1, \overline{1, 2}]$
5	$[2, \overline{4}]$
7	$[2, \overline{1, 1, 1, 4}]$
11	$[3, \overline{3, 6}]$
13	$[3, \overline{1, 1, 1, 1, 6}]$
17	$[4, \overline{8}]$
19	$[4, \overline{2, 1, 3, 1, 2, 8}]$

このように $\sqrt{p}$ の連分数展開は周期的であることがわかっています。この表をみて、何か規則性が感じとれるでしょうか。少しわかりにくいかと思いますが、循環部分の長さに着目してください。そうすると、$4n+1$ の素数と $4n+3$ の素数の個性が現れているのに気がつきます。

p	循環部分の長さ
2	1
3	2
5	1
7	4
11	2
13	5
17	1
19	6

上の表で $4n+1$ の素数は 5, 13, 17 で，循環部分の長さはそれぞれ

$$1, 5, 1$$

です。一方，$4n+3$ の素数は 3, 7, 11, 19 で，循環部分の長さはそれぞれ

$$2, 4, 2, 6$$

です。ここに $4n+1$ と $4n+3$ の素数の個性の違いがはっきり現れていて，奇数と偶数にきれいにわかれています。

連分数展開に現れる $4n+1$ の素数と $4n+3$ の素数の個性は，ペル方程式

$$x^2 - py^2 = \pm 1$$

やフェルマーの平方和定理にも関係しています。このことを次節以降で，より詳しくみていきましょう。

5.2 近似分数とペル方程式

α を連分数 $[q_0, q_1, q_2, \cdots]$ で表すとき,

$$[q_0, q_1, \cdots, q_k]$$

を k 次**近似分数**と呼びます。

$\sqrt{2} = [1, \overline{2}]$ の近似分数を求めると,

$$[1] = 1, \ [1,2] = 1 + \frac{1}{2} = \frac{3}{2}, \ [1,2,2] = 1 + \frac{1}{2 + \frac{1}{2}} = \frac{7}{5}$$

となります。

さらに,続けて計算すると,

$[1]$	1
$[1,2]$	$3/2 = 1.5$
$[1,2,2]$	$7/5 = 1.4$
$[1,2,2,2]$	$17/12 = 1.41666\cdots$
$[1,2,2,2,2]$	$41/29 = 1.41379\cdots$
$[1,2,2,2,2,2]$	$99/70 = 1.41428\cdots$
$[1,2,2,2,2,2,2]$	$239/169 = 1.41420\cdots$

となります。$\sqrt{2} = 1.41421356\cdots$ に近づいているようすがみられます。さらに,$\sqrt{2}$ より大きい近似分数と,$\sqrt{2}$ より小さい近似分数が交互に現れていることがわかります。

もう一例計算してみましょう。

$\sqrt{3} = [1, \overline{1,2}]$ の近似分数を求めると,

$$[1] = 1, \ [1,1] = 1 + \frac{1}{1} = 2, \ [1,1,2] = 1 + \frac{1}{1 + \frac{1}{2}} = \frac{5}{3}$$

となります。

さらに、続けて計算すると、

$[1]$	1
$[1,1]$	2
$[1,1,2]$	$5/3 = 1.6666\cdots$
$[1,1,2,1]$	$7/4 = 1.75$
$[1,1,2,1,2]$	$19/11 = 1.72727\cdots$
$[1,1,2,1,2,1]$	$26/15 = 1.73333\cdots$
$[1,1,2,1,2,1,2]$	$71/41 = 1.73170\cdots$

となります。$\sqrt{3} = 1.7320508\cdots$ に近づいているようすがみられます。そして、$\sqrt{3}$ より大きい近似分数と、$\sqrt{3}$ より小さい近似分数が交互に現れています。

$\sqrt{2}$ と $\sqrt{3}$ の近似分数で成り立つこれらの性質は、一般に成り立つことが知られています。

定理 5.1 p を素数とする。連分数展開
$\sqrt{p} = [q_0, \overline{q_1, \cdots, q_t}]$ の k 次近似分数を $\dfrac{a_k}{b_k}$ とするとき、

$$\lim_{k \to \infty} \frac{a_k}{b_k} = \sqrt{p}$$

であり、

$$\frac{a_0}{b_0} < \frac{a_2}{b_2} < \frac{a_4}{b_4} < \cdots < \sqrt{p} < \cdots < \frac{a_5}{b_5} < \frac{a_3}{b_3} < \frac{a_1}{b_1}$$

が成り立つ。

第5章 等差数列と相互法則〜ガウスのしらべ

以下に述べるように,$\sqrt{p}$ の k 次近似分数 $\dfrac{a_k}{b_k}$ を用いると,ペル方程式

(5.4) $$x^2 - py^2 = \pm 1$$

の整数解が求まります。$x^2 - py^2 = 1$ のみをペル方程式と呼ぶこともありますが,本書では (5.4) 式をペル方程式と呼ぶことにします。$x^2 - py^2 = -1$ をペル方程式に含めるのは,連分数展開の周期とペル方程式の解の関係を簡潔に記述するためです。

では,この関係をながめてみましょう。

$p = 2$ とします。$\sqrt{2}$ の連分数展開の k 次近似分数を既約分数で表して,分子を a_k,分母を b_k とおきます。

$$\frac{a_0}{b_0} = \frac{1}{1},\ \frac{a_1}{b_1} = \frac{3}{2},\ \frac{a_2}{b_2} = \frac{7}{5},\ \frac{a_3}{b_3} = \frac{17}{12}, \cdots$$

となります。${a_k}^2 - 2{b_k}^2$ を計算してみましょう。

$$a_0^2 - 2b_0^2 = 1^2 - 2 \cdot 1^2 = -1$$
$$a_1^2 - 2b_1^2 = 3^2 - 2 \cdot 2^2 = 1$$
$$a_2^2 - 2b_2^2 = 7^2 - 2 \cdot 5^2 = -1$$
$$a_3^2 - 2b_3^2 = 17^2 - 2 \cdot 12^2 = 1$$

と,-1 と 1 が繰り返されています。つまり,$(x, y) = (a_k, b_k)$ はペル方程式 (5.4) の解になっています。

もう一例計算しましょう。

今度は,$p = 3$ のときを考えます。同じように $\sqrt{3}$ の k 次連分数展開の近似分数を既約分数で表して,分子を a_k,

分母を b_k とおくと，

$$\frac{a_0}{b_0} = \frac{1}{1}, \frac{a_1}{b_1} = \frac{2}{1}, \frac{a_2}{b_2} = \frac{5}{3}, \frac{a_3}{b_3} = \frac{7}{4}, \cdots$$

となります．${a_k}^2 - 3{b_k}^2$ を計算してみましょう．

$$\begin{aligned}
{a_0}^2 - 3{b_0}^2 &= 1^2 - 3 \cdot 1^2 = -2 \\
{a_1}^2 - 3{b_1}^2 &= 2^2 - 3 \cdot 1^2 = 1 \\
{a_2}^2 - 3{b_2}^2 &= 5^2 - 3 \cdot 3^2 = -2 \\
{a_3}^2 - 3{b_3}^2 &= 7^2 - 3 \cdot 4^2 = 1
\end{aligned}$$

と，-2 と 1 が繰り返されています．今度は k が奇数のとき，$(x, y) = (a_k, b_k)$ がペル方程式 (5.4) の解です．

ここまでの計算をまとめましょう．

まず，$\sqrt{p}$ を連分数で表すことで，ペル方程式 (5.4) の解が得られそうです．

次に，$p = 2$ の場合は，すべての (a_k, b_k) がペル方程式 (5.4) の解になりました．$p = 3$ の場合は，k が奇数のときの (a_k, b_k) がペル方程式 (5.4) の解になっています．$p = 2$ と $p = 3$ の違いは何でしょうか．

$$\sqrt{2} = [1, \overline{2}], \quad \sqrt{3} = [1, \overline{1, 2}]$$

と，連分数で表すとはっきりします．循環部分の長さが違います．

一般に $\sqrt{p} = [q_0, \overline{q_1, \cdots, q_t}]$ の近似分数 $\dfrac{a_k}{b_k}$ に対して，$k = t - 1$ のとき，${a_k}^2 - p{b_k}^2$ の値が ± 1 になり，ペル方程式を満たします．さらに，$k = 2t - 1, 3t - 1, \cdots$ に対

しても $a_k{}^2 - pb_k{}^2$ の値が ± 1 になり，ペル方程式を満たします。

このことを一般的に述べた次の定理が知られています。

> **定理 5.2** p を素数とする。$\sqrt{p}$ の連分数展開の循環部分の長さを t，k 次近似分数を $\dfrac{a_k}{b_k}$ とする。j を任意の自然数として，$k = jt - 1$ のとき，
> $$a_{jt-1}{}^2 - pb_{jt-1}{}^2 = (-1)^{jt}$$
> が成り立つ。

$(x, y) = (a, b)$ がペル方程式 $x^2 - py^2 = \pm 1$ の解のとき，符号を変えた $(x, y) = (\pm a, \pm b)$ もペル方程式の解になります。そこで，$x > 0$，$y > 0$ を満たす解をペル方程式の**正の解**と呼ぶことにすると，定理 5.2 の (a_{jt-1}, b_{jt-1}) がペル方程式 $x^2 - py^2 = \pm 1$ のすべての正の解を与えます。さらに，ペル方程式の解は，次のようにも表されることがわかっています。

> **定理 5.3** 連分数展開 $\sqrt{p} = [q_0, \overline{q_1, \cdots, q_t}]$ の $t-1$ 次近似分数 $\dfrac{a_{t-1}}{b_{t-1}}$ によって，ペル方程式 $x^2 - py^2 = \pm 1$ のすべての正の解 (x, y) は，
> $$x + y\sqrt{p} = (a_{t-1} + b_{t-1}\sqrt{p})^m \quad (m \text{ は自然数})$$
> で与えられる。とくに，$a_{t-1} + b_{t-1}\sqrt{p}$ が 1 より大きい最小の解になる。

例を計算して，この定理が成り立っていることを確認しましょう。$p=2$ の場合，$t=1$, $a_{t-1}+b_{t-1}\sqrt{p} = a_0+b_0\sqrt{2} = 1+\sqrt{2}$ で，

$$(1+\sqrt{2})^2 = 1+2\sqrt{2}+2 = 3+2\sqrt{2} = a_1+b_1\sqrt{2}$$
$$(1+\sqrt{2})^3 = 1+3\sqrt{2}+6+2\sqrt{2} = 7+5\sqrt{2} = a_2+b_2\sqrt{2}$$

となって，解 (a_{j-1}, b_{j-1}) が得られます。

$p=3$ の場合，$t=2$, $a_{t-1}+b_{t-1}\sqrt{p} = a_1+b_1\sqrt{3} = 2+\sqrt{3}$ で，

$$(2+\sqrt{3})^2 = 4+4\sqrt{3}+3 = 7+4\sqrt{3} = a_3+b_3\sqrt{3}$$
$$(2+\sqrt{3})^3 = 8+12\sqrt{3}+18+3\sqrt{3}$$
$$= 26+15\sqrt{3} = a_5+b_5\sqrt{3}$$

となって，解 (a_{2j-1}, b_{2j-1}) が得られます。

定理 5.2 より，循環部分の長さ t が奇数ならば，$j=1$ のとき，

$$x^2 - py^2 = -1$$

が解 (a_{t-1}, b_{t-1}) をもつことがわかります。このことを使って，$4n+1$ と $4n+3$ の素数で循環部分の長さが奇数と偶数に分かれることを証明しましょう。

定理 5.4 p が $4n+3$ の素数ならば，
$\sqrt{p} = [q_0, \overline{q_1, \cdots, q_t}]$ の循環部分の長さ t は偶数になる。

[証明] t が奇数であると仮定して，矛盾を導きます。

第5章 等差数列と相互法則〜ガウスのしらべ

t が奇数ならば，定理 5.2 より

$$a_{t-1}^2 - pb_{t-1}^2 = -1$$

が成り立ちます。変形すると，

$$a_{t-1}^2 + 1 = pb_{t-1}^2$$

となります。第1補充法則より，p は $4n+1$ の素数，または，2 になり，矛盾が生じます。 □

定理 5.5 p が $4n+1$ の素数ならば，$\sqrt{p} = [q_0, \overline{q_1, \cdots, q_t}]$ の循環部分の長さ t は奇数になる。

[証明] t が偶数であると仮定して，矛盾を導きます。

t が偶数のとき，定理 5.2 より

(5.5) $$a_{t-1}^2 - pb_{t-1}^2 = 1$$

となります。(5.5) 式より，a_{t-1} と b_{t-1} の一方が奇数で，もう一方が偶数になります。

仮に，a_{t-1} が偶数，b_{t-1} は奇数ならば，$a_{t-1} = 2k$，$b_{t-1} = 2m+1$，そして $p = 4n+1$ とおくと，

$$\begin{aligned} a_{t-1}^2 - pb_{t-1}^2 &= (2k)^2 - (4n+1)(2m+1)^2 \\ &= 4k^2 - 4n(2m+1)^2 - (2m+1)^2 \\ &= 4k^2 - 4n(2m+1)^2 - 4m^2 - 4m - 1 \end{aligned}$$

となり，右辺は 4 で割って 1 たりない数，すなわち，3 余

る数になります。これは (5.5) 式に矛盾します。

したがって，a_{t-1} は奇数，b_{t-1} は偶数になります。

(5.5) 式は，

$$pb_{t-1}^2 = a_{t-1}^2 - 1 = (a_{t-1} - 1)(a_{t-1} + 1)$$

と変形できます。$a_{t-1} - 1$ と $a_{t-1} + 1$ はどちらも偶数です。また，$a_{t-1} - 1$ と $a_{t-1} + 1$ の最大公約数は 2 です。したがって，

(5.6) $\qquad a_{t-1} - 1 = 2s^2, \ a_{t-1} + 1 = 2pu^2$

または，

(5.7) $\qquad a_{t-1} - 1 = 2pu^2, \ a_{t-1} + 1 = 2s^2$

のいずれか一方が成り立ちます。(5.6) 式が成り立つとき，a_{t-1} を消去すると，

$$-2 = 2s^2 - 2pu^2$$
$$s^2 - pu^2 = -1$$

となります。(5.7) 式が成り立つとき，同様にして，

$$s^2 - pu^2 = 1$$

となります。$0 < s < a_{t-1}, \ u > 0$ を満たすペル方程式 $x^2 - py^2 = \pm 1$ の解 $(x, y) = (s, u)$ が得られました。しかし一方，定理 5.3 より $x^2 - py^2 = \pm 1$ のすべての正の解は

$$x + y\sqrt{p} = (a_{t-1} + b_{t-1}\sqrt{p})^m$$

だったので矛盾が生じます。

したがって，t は奇数です。 $\qquad \square$

5.3 連分数展開と平方和定理

この節では,連分数展開と平方和定理の意外な関係を紹介します。

フェルマーの平方和定理は,

$$
\begin{aligned}
2 &= 1^2 + 1^2 \\
5 &= 2^2 + 1^2 \\
13 &= 3^2 + 2^2 \\
17 &= 4^2 + 1^2 \\
29 &= 5^2 + 2^2
\end{aligned}
\tag{5.8}
$$

のように,2 と $4n+1$ の素数が平方和に分解する,というものでした。

p を 2 や $4n+1$ の素数として,$\sqrt{p}$ の連分数展開を調べましょう。

まず,2 は

$$\alpha = \sqrt{2} = 1 + (\sqrt{2}-1) = q_0 + \frac{1}{\alpha_1}$$

$$\alpha_1 = 1 + \sqrt{2} = 2 + (\sqrt{2}-1) = q_1 + \frac{1}{\alpha_2}$$

となり,$\alpha_2 = \alpha_1$ だから,以下,繰り返しになります。ここで,

$$\alpha_1 = \frac{\mathbf{1} + \sqrt{2}}{\mathbf{1}}$$

となります。α_1 に現れている数のあいだに (5.8) 式の

$2 = 1^2 + 1^2$ の関係が成り立っています.

次に, 5 は

$$\alpha = \sqrt{5} = 2 + (\sqrt{5} - 2) = q_0 + \frac{1}{\alpha_1}$$

$$\alpha_1 = 2 + \sqrt{5} = 4 + (\sqrt{5} - 2) = q_1 + \frac{1}{\alpha_2}$$

となり, $\alpha_2 = \alpha_1$ だから, 以下, 繰り返しになります. ここで,

$$\alpha_1 = \frac{\mathbf{2 + \sqrt{5}}}{\mathbf{1}}$$

となります. ここでも, α_1 に現れている数のあいだに (5.8) 式の $5 = 2^2 + 1^2$ の関係が成り立っています.

次に, 13 は

$$\alpha = \sqrt{13} = 3 + (\sqrt{13} - 3) = q_0 + \frac{1}{\alpha_1}$$

$$\alpha_1 = \frac{3 + \sqrt{13}}{4} = 1 + \frac{\sqrt{13} - 1}{4} = q_1 + \frac{1}{\alpha_2}$$

$$\alpha_2 = \frac{1 + \sqrt{13}}{3} = 1 + \frac{\sqrt{13} - 2}{3} = q_2 + \frac{1}{\alpha_3}$$

$$\alpha_3 = \frac{2 + \sqrt{13}}{3} = 1 + \frac{\sqrt{13} - 1}{3} = q_3 + \frac{1}{\alpha_4}$$

$$\alpha_4 = \frac{1 + \sqrt{13}}{4} = 1 + \frac{\sqrt{13} - 3}{4} = q_4 + \frac{1}{\alpha_5}$$

$$\alpha_5 = 3 + \sqrt{13} = 6 + (\sqrt{13} - 3) = q_5 + \frac{1}{\alpha_6}$$

となります。$\alpha_6 = \alpha_1$ だから、以下、繰り返しになります。ここで、

$$\alpha_3 = \frac{2+\sqrt{13}}{3}$$

となっていて、循環部分の中央付近にある α_3 に現れている数のあいだに、(5.8)式の $13 = 3^2 + 2^2$ の関係が成り立っています。

もう一例紹介しましょう。$p = 17$ は循環部分の長さが 1 と短いので、$p = 29$ とします。

$$\alpha = \sqrt{29} = 5 + (\sqrt{29}-5) = q_0 + \frac{1}{\alpha_1}$$

$$\alpha_1 = \frac{5+\sqrt{29}}{4} = 2 + \frac{\sqrt{29}-3}{4} = q_1 + \frac{1}{\alpha_2}$$

$$\alpha_2 = \frac{3+\sqrt{29}}{5} = 1 + \frac{\sqrt{29}-2}{5} = q_2 + \frac{1}{\alpha_3}$$

$$\alpha_3 = \frac{2+\sqrt{29}}{5} = 1 + \frac{\sqrt{29}-3}{5} = q_3 + \frac{1}{\alpha_4}$$

$$\alpha_4 = \frac{3+\sqrt{29}}{4} = 2 + \frac{\sqrt{29}-5}{4} = q_4 + \frac{1}{\alpha_5}$$

$$\alpha_5 = 5 + \sqrt{29} = 10 + (\sqrt{29}-5) = q_5 + \frac{1}{\alpha_6}$$

となり、$\alpha_6 = \alpha_1$ だから、以下、繰り返しになります。

ここで、

$$\alpha_3 = \frac{2+\sqrt{29}}{5}$$

となっていて、やはり循環部分の中央付近にある α_3 に現れている数のあいだに、(5.8) 式の $29 = 5^2 + 2^2$ の関係が成り立っています。

以上のことは一般的に成り立ち、次の定理が知られています。

定理 5.6 p を $4n+1$ の素数、または 2 とする。連分数展開 $\sqrt{p} = [q_0, \overline{q_1, \cdots, q_{2m-1}}]$ に対し、$\alpha_m = \dfrac{a+\sqrt{p}}{b}$ とおくとき、

$$a^2 + b^2 = p$$

が成り立つ。

[証明略]

定理 5.6 は、ルジャンドルによって得られています。ガウスによっても本質的に同じ証明が得られています。ガウスは、『整数論』において 2 次形式 $ax^2 + bxy + cy^2$ のさまざまな性質を調べています。2 次の無理数 $\dfrac{-b+\sqrt{b^2-4ac}}{2a}$ の連分数展開には、2 次形式の隣接形式と呼ばれる変数変換がほぼ対応し、隣接形式を用いて定理 5.6 を証明しています。

5.4 素因数からみた相互法則

相互法則の第 1 補充法則は $x^2 + 1$ についての法則でし

た。これはガウスが「黄金定理」と呼んだ平方剰余の相互法則の一部です。本節ではいよいよ，相互法則の全体像を紹介しましょう。正式には平方剰余の相互法則といいますが，ここでは単に相互法則と呼びます。

第1章でみたように，素数がどのように散らばっているかは不規則で，そこには n と $2n$ のあいだに必ず素数が存在するというチェビシェフの定理や，素数全体を見渡した際の素数定理などといった顕著な性質もありました。しかし，個々の素数はお互いに無関係に存在しているようにみえます。

ところが一方，相互法則は勝手に選んだ2つの素数のあいだに深い関係があることを教えてくれます。そして，相互法則にもやはり，$4n+1$ の素数と $4n+3$ の素数の個性が現れるのです。

ここでは，2次式 $x^2 - a$ (a は奇数の素数) の素因数を考えますが，偶数の素数2はつねに $x^2 - a$ の素因数になっているので，奇数の素因数のみに注目します。

ここで，3と7の2つの素数に対して，次のような命題の組を考えます。

(a) $x^2 - 3$ の素因数に7が現れる。
(b) $x^2 - 7$ の素因数に3が現れる。

実際に調べてみると，7は $x^2 - 3$ の素因数にならず，3は $x^2 - 7$ の素因数になっています。命題 (a) が偽 (×)，命題 (b) が真 (○) です。このように (a) と (b) の片方のみが成り立つことは，3と7がともに $4n+3$ の素数であることに関係しています。これが相互法則のひとつの例です。

一般的に述べましょう。p, q を異なる奇数の素数とすると、2次式 x^2-p と x^2-q の素因数についてある法則がみられます。上で x^2-3 と x^2-7 について調べたのと同じように、2つの素数 p, q に対し、次の2つの命題の組が、起こるかどうかを調べてみます。

(a) x^2-p の素因数に q が現れる。
(b) x^2-q の素因数に p が現れる。

この法則をみるために、具体例を計算してみます。表5.1をみてください。

この表において、x^2+1 の場合と異なり、x^2-a は負の値になることがありますが、符号は気にせず、現れる素数に着目することにします。

計算の目的は、勝手に選んだ2つの奇数の素数 p と q に対して、x^2-p と x^2-q の2つの2次式の素因数をみることでした。この表をみて、何か法則性に気づくでしょうか。少しながめただけではわかりにくいので、2次式 x^2-a に現れる素因数を表にしてみましょう。176ページの表5.2をみてください。

表5.2において、x^2-a の行に○が入っている素数は素因数として現れる素数で、×が入っている素数は素因数として現れない素数です。たとえば、x^2-3 の行には3, 11, 13が素因数として現れることが示されています。

右下がりの対角線上に○がついています。これは、x^2-a の素因数に a が現れることを意味します。$x=0$ のとき、$x^2-a=-a$ なので、理由も明らかです。

これ以外に気がつくことはないでしょうか。よくみると、

表 5.1: $x^2 - a$ の素因数分解

x	$x^2 - 3$
0	-3
1	-2
2	1
3	$2 \cdot 3$
4	13
5	$2 \cdot 11$
6	$3 \cdot 11$
7	$2 \cdot 23$
8	61
9	$2 \cdot 3 \cdot 13$
10	97

x	$x^2 - 5$
0	-5
1	-2^2
2	-1
3	2^2
4	11
5	$2^2 \cdot 5$
6	31
7	$2^2 \cdot 11$
8	59
9	$2^2 \cdot 19$
10	$5 \cdot 19$

x	$x^2 - 7$
0	-7
1	$-2 \cdot 3$
2	-3
3	2
4	3^2
5	$2 \cdot 3^2$
6	29
7	$2 \cdot 3 \cdot 7$
8	$3 \cdot 19$
9	$2 \cdot 37$
10	$3 \cdot 31$

x	$x^2 - 11$
0	-11
1	$-2 \cdot 5$
2	-7
3	-2
4	5
5	$2 \cdot 7$
6	5^2
7	$2 \cdot 19$
8	53
9	$2 \cdot 5 \cdot 7$
10	89

x	$x^2 - 13$
0	-13
1	$-2^2 \cdot 3$
2	-3^2
3	-2^2
4	3
5	$2^2 \cdot 3$
6	23
7	$2^2 \cdot 3^2$
8	$3 \cdot 17$
9	$2^2 \cdot 17$
10	$3 \cdot 29$

x	$x^2 - 17$
0	-17
1	-2^4
2	-13
3	-2^3
4	-1
5	2^3
6	19
7	2^5
8	47
9	2^6
10	83

表 5.2: $x^2 - a$ (a は素数) に現れる素因数

	3	5	7	11	13	17
x^2-3	○	×	×	○	○	×
x^2-5	×	○	×	○	×	×
x^2-7	○	×	○	×	×	×
x^2-11	×	○	○	○	×	×
x^2-13	○	×	×	×	○	○
x^2-17	×	×	×	×	○	○

今の対角線を軸にして，ほぼ対称的な形に○と×がついています．

対角線を軸に表が対称であることが，どういうことであるかをみてみましょう．

たとえば，$p = 5$, $q = 11$ のとき，

	5	11
x^2-5	○	○
x^2-11	○	○

のように○がついています．これは (a)(b) がともに起こっていることを表します．

$p = 5$, $q = 13$ のときは，

	5	13
x^2-5	○	×
x^2-13	×	○

のように対称的に × がついています．これは (a)(b) がど

ちらも起こっていないことを表します。ここで注意してほしいのは、○, × が対称的に入っているときは、p と q の少なくとも一方が $4n+1$ の素数になっていることです。

今度は、対角線を軸に○, × が対称になっていない場合を考えます。

$p = 3$, $q = 11$ のときは、

	3	11
$x^2 - 3$	○	○
$x^2 - 11$	×	○

となっていますが、このとき、(a) が起こり、(b) が起こっていません。

$p = 7$, $q = 11$ のときは、

	7	11
$x^2 - 7$	○	×
$x^2 - 11$	○	○

となっています。このとき、(a) が起こらず、(b) が起こっています。そして、これらの対称になっていない場合は、p と q がともに $4n+3$ の素数であることに注意してください。最初に例としてあげた 3 と 7 のときもこの場合でした。

これらの表に現れている事実が、相互法則の例です。ここに $4n+1$ と $4n+3$ の素数の個性が反映されているのです。

以上のことをまとめると、次のようになります。

定理 5.7 p, q を異なる奇数の素数とする。次の2つの命題の組

(a) $x^2 - p$ の素因数に q が現れる。
(b) $x^2 - q$ の素因数に p が現れる。

に対し，以下が成り立つ。

(I) p または q が $4n+1$ の素数のときは，(a)(b) がともに起こるか，あるいは，(a)(b) ともに起こらない。
(II) p, q がともに $4n+3$ の素数のときは, (a) と (b) の一方だけが起こり，もう一方は起こらない。

平方剰余の相互法則の「平方剰余」ということばですが，素数 p が $x^2 - a$ の素因数として現れるとき，a を p を法とする**平方剰余**といい，そうでないとき，a を p を法とする**平方非剰余**といいます。剰余というのは，x の平方を p で割った余りが a となることからきています。

ここまで，素因数の立場で相互法則を解説しました。この相互法則はまず，オイラーによって発見されましたが，証明が試みられた記録は残っていません。最初に証明を試みたのはルジャンドルです。ルジャンドルは次節で紹介するルジャンドルの記号を導入し，相互法則の見通しをよくしました。完全な証明は，ガウスによってなされています。

5.5 ルジャンドルの記号

ルジャンドルの導入した記号を使って，相互法則を解説してみましょう。a を整数として，a が奇数の素数 p の倍数であるとき，$\left(\dfrac{a}{p}\right) = 0$ と書きます。このとき，素数 p は $x^2 - a$ の素因数になっています。

a が p の倍数でないときには，$x^2 - a$ の素因数に素数 p が現れるとき $\left(\dfrac{a}{p}\right) = 1$，そうでないときは $\left(\dfrac{a}{p}\right) = -1$ と書くことにします。つまり，$\left(\dfrac{a}{p}\right) = 0, 1$ のときは p が $x^2 - a$ の素因数であることを示しています。この記号 $\left(\dfrac{a}{p}\right)$ を**ルジャンドルの記号**といいます。

表 5.1 あるいは表 5.2 から，

$$\left(\frac{5}{11}\right) = 1, \ \left(\frac{5}{7}\right) = -1, \ \left(\frac{7}{3}\right) = 1, \ \left(\frac{7}{11}\right) = -1$$

となることがわかります。

そして，「(a) $x^2 - p$ の素因数に q が現れる」は $\left(\dfrac{p}{q}\right) = 1$，
「(b) $x^2 - q$ の素因数に p が現れる」は $\left(\dfrac{q}{p}\right) = 1$ と表すことができます。

この記号を使って，定理 5.7 の (I), (II) の場合を表現し直しましょう。

(I) p または q が $4n+1$ の素数のとき

(a), (b) がともに起こることは,

$$\left(\frac{p}{q}\right) = \left(\frac{q}{p}\right) = 1$$

と表され, (a), (b) がともに起こらないことは,

$$\left(\frac{p}{q}\right) = \left(\frac{q}{p}\right) = -1$$

と表されます。

(II) p, q がどちらも $4n+3$ の素数のとき

(a), (b) の一方だけが起こり, もう一方は起こらないことは, 同様に考えて,

$$\left(\frac{p}{q}\right) = -\left(\frac{q}{p}\right)$$

と表すことができます。

したがって, 次のようにまとめられます。

> **定理 5.8** p と q を相異なる奇数の素数とする。
>
> (I) p または q が $4n+1$ の素数のとき
>
> $$\left(\frac{p}{q}\right) = \left(\frac{q}{p}\right)$$
>
> が成り立つ。
>
> (II) p, q がどちらも $4n+3$ の素数のとき
>
> $$\left(\frac{p}{q}\right) = -\left(\frac{q}{p}\right)$$
>
> が成り立つ。

さらに,ルジャンドルの記号を左辺に移して,式を表現し直しましょう。p と q は相異なる素数なので,ルジャンドルの記号の値は ± 1 になります。

(I) の場合をまとめると,

$$\left(\frac{p}{q}\right)\left(\frac{q}{p}\right) = 1$$

と表すことができます。(II) の場合は,

$$\left(\frac{p}{q}\right)\left(\frac{q}{p}\right) = -1$$

です。

そしてさらに,p が $4n+1$ の素数のとき,$\dfrac{p-1}{2}$ は偶数,

p が $4n+3$ の素数のとき，$\dfrac{p-1}{2}$ は奇数であることに注意すると，(I)(II) は次のようにまとめられます。

> **定理 5.9** p と q を相異なる奇数の素数とするとき，
> $$\left(\frac{p}{q}\right)\left(\frac{q}{p}\right) = (-1)^{\frac{p-1}{2} \cdot \frac{q-1}{2}}$$
> が成り立つ。

　左辺，右辺ともに p と q が対称に配置され，相互法則の本質をシンプルに表現した非常に美しい式です。素数はあたかも，お互いが無関係のように散らばっているようにみえますが，勝手に選んだ2つの素数のあいだに密接な関係が存在していることを相互法則は教えてくれます。

　平方剰余の相互法則はオイラーにより発見され，発表されました。ただし，先述のように証明が試みられた記録はありません。最初に証明を試みたのはルジャンドルですが，部分的な証明にとどまりました。完全な証明に初めて成功したのはガウスです。

　ルジャンドルは，フェルマーの小定理の研究から相互法則に到達し，ルジャンドルの記号 $\left(\dfrac{a}{p}\right)$ を，$a^{\frac{p-1}{2}} \div p$ の余りが1のとき，$\left(\dfrac{a}{p}\right) = 1$，$a^{\frac{p-1}{2}} \div p$ の余りが $p-1$ のとき，$\left(\dfrac{a}{p}\right) = -1$ と定義しています。この定義は本書の定

義と同値であることが知られています。

ルジャンドルは，その著書『数の理論』においてルジャンドルの記号を導入し，「2つの素数のあいだの相互法則」，$\left(\dfrac{p}{q}\right) = (-1)^{\frac{p-1}{2}\frac{q-1}{2}}\left(\dfrac{q}{p}\right)$ を紹介しています。本書の定理 5.8 や定理 5.9 で紹介した平方剰余の相互法則にあたります。

ガウスは『整数論』において，a が p を法として，平方剰余，平方非剰余であることを aRp, aNp と表し，平方剰余の相互法則を「平方剰余の基本定理」と呼んでいます。

証明はガウスに後れをとったルジャンドルですが，ルジャンドルの記号と相互法則の名前が現在に生きています。ルジャンドルもまた，相互法則の本質を見抜いた数学者といえます。

5.6 相互法則の力

この節では，平方剰余の相互法則を使ってどのようなことが導けるかを説明しましょう。相互法則がいかに素晴らしい法則であるか，またルジャンドルの記号がいかに効力を発揮するかを感じとってください。

$x^2 - p$ の素因数に q が現れるかどうかは，素因数分解の表をつくらなくても，相互法則を用いてルジャンドルの記号の計算だけで求めることができます。

例として，$x^2 - 13$ の素因数に 29 が現れるかどうかを相互法則を使って調べてみましょう。計算には定理 5.8 を用います。もちろん定理 5.9 を使っても計算できますが，具

体的な計算では，定理 5.8 を使うほうが簡明です．

$p = 13$, $q = 29$ のとき，p, q ともに $4n+1$ の素数で，定理 5.8 の (I) の場合にあたります．相互法則から

$$\left(\frac{13}{29}\right) = \left(\frac{29}{13}\right)$$

であることがいえます．この式は，$x^2 - 13$ の素因数に 29 が現れるかどうかということが，$x^2 - 29$ の素因数に 13 が現れるかどうかという問題と同じであることを示しています．そして，$x^2 - 29$ の素因数に 13 が現れるかどうかは，$29 = 13 \times 2 + 3$ であることから，$x^2 - 29 = (x^2 - 3) - 13 \times 2$ と考えると，$x^2 - 3$ の素因数に 13 が現れるかどうかと同じ問題になります．したがって，

$$\left(\frac{29}{13}\right) = \left(\frac{3}{13}\right)$$

となります．

$p = 3$, $q = 13$ とすると，q は $4n+1$ の素数で，(I) の場合にあたります．ふたたび相互法則から，

$$\left(\frac{3}{13}\right) = \left(\frac{13}{3}\right)$$

であることがいえます．$x^2 - 13$ の素因数に 3 が現れるかどうかは，$13 = 3 \times 4 + 1$ であることから，$x^2 - 13 = (x^2 - 1) - 3 \times 4$ となるので，$x^2 - 1$ の素因数に 3 が現れるかどうかと同じ問題であることがわかります．つまり

$$\left(\frac{13}{3}\right) = \left(\frac{1}{3}\right)$$

となります。$\left(\frac{1}{3}\right)$ の値ですが，$x^2 - 1 = (x+1)(x-1)$ と因数分解するので，すべての素数が $x^2 - 1$ の素因数として現れます。したがって，$\left(\frac{1}{3}\right) = 1$ となります。以上の計算から

$$\left(\frac{13}{29}\right) = \left(\frac{29}{13}\right) = \left(\frac{3}{13}\right) = \left(\frac{13}{3}\right) = \left(\frac{1}{3}\right) = 1$$

となり，29 は $x^2 - 13$ の素因数として現れることがわかります。実際，表 5.1 で $x^2 - 13$ の素因数分解をみれば，$x = 10$ のとき $10^2 - 13 = 3 \cdot 29$ と確認できます。

このように相互法則を繰り返し用いることで，$\left(\frac{p}{q}\right)$ の値を求めることができます。また，上の計算から，すべての奇数の素数について $\left(\frac{1}{p}\right) = 1$ となること，a を p で割った余りを r とするとき $\left(\frac{a}{p}\right) = \left(\frac{r}{p}\right)$ となることもわかります。

次に，もう少し高度な応用を考えましょう。表 5.1 をみると，$x^2 - 5$ の奇数の素因数に，5，11，19，31，59 が現れています。この法則は a が合成数でも成立します。

これらの素数はどのような素数なのでしょうか。現れている素因数をながめているだけでは，その法則はわかりま

せん。

　素数 p が $x^2 - 5$ の素因数分解に現れるかどうかは，$x = 1, 2, \cdots, p$ に対する $x^2 - 5$ の素因数分解を調べればわかります。このようにすれば，ひとつひとつの素数については確認できます。しかし，$x^2 - 5$ の素因数分解に現れる素数 p をすべて求めようとすると，p の値をいくらでも大きくしなければなりません。x の範囲 $x = 1, 2, \cdots, p$ もいくらでも大きくなり，ほぼ「無限の範囲」で問題を考えていることになります。つまり，$x^2 - 5$ の素因数 p が満たす法則をこの方法で求めるのは困難なのです。

　ルジャンドルの記号を用いると，この問題は，

(5.9) $$\left(\frac{5}{p}\right) = 1$$

を満たす素数 p を求める問題になります。そして，相互法則によって，この問題に新しい光を当てることができます。

　5 が $4n + 1$ の素数なので，左辺に定理 5.8 (I) の場合の相互法則を用いると，

$$\left(\frac{5}{p}\right) = \left(\frac{p}{5}\right)$$

が成り立ち，

$$\left(\frac{p}{5}\right) = 1$$

となって，$x^2 - p$ の素因数に 5 が現れるかどうかという問題に変わります。つまり，$x = 1, 2, 3, 4, 5$ を確かめれば

第5章 等差数列と相互法則〜ガウスのしらべ

よく,「有限の範囲」で問題が解けることになります。相互法則によって,「無限の範囲」の問題が「有限の範囲」の問題におきかわるのです。これは驚くべきことで,問題をこのようにおきかえられるのは相互法則の大きな力です。

$x^2 - p$ の素因数に 5 が現れるということは,5 が

$$1^2 - p,\ 2^2 - p,\ 3^2 - p,\ 4^2 - p,\ 5^2 - p$$

のいずれかの素因数になることです。$9 - p = (4 - p) + 5$, $16 - p = (1 - p) + 5 \cdot 3$, $25 - p = -p + 5 \cdot 5$ だから,5 が

$$1 - p,\ 4 - p,\ -p$$

を割り切ればよいことになります。$p \neq 5$ として相互法則を用いているので,$-p$ を除いて考えると,p が $5n + 1$ の素数のとき,5 は $1 - p$ を割り,p が $5n + 4$ のとき,5 は $4 - p$ を割ります。

したがって,(5.9) 式を満たす素数は,p が $5n + 1$ の素数,または,$5n + 4$ の素数となります。$p = 5$ も $x^2 - 5$ の素因数ですから,$x^2 - 5$ の奇数の素因数は 5, $5n + 1$ の素数,$5n + 4$ の素数となります。

表 5.1 で $x^2 - 5$ の素因数になっている 11, 19, 31, 59 は,$11 = 5 \cdot 2 + 1$, $19 = 5 \cdot 3 + 4$, $31 = 5 \cdot 6 + 1$, $59 = 5 \cdot 11 + 4$ となっています。

一方,59 以下の $5n + 1$ または $5n + 4$ の奇数の素数で,29 と 41 が表 5.1 に現れていませんが,$x = 11, 13$ のとき,

$$11^2 - 5 = 116 = 2^2 \cdot \mathbf{29}$$
$$13^2 - 5 = 164 = 2^2 \cdot \mathbf{41}$$

となっています。

このように相互法則を使うと，$x^2 - a$ (a は素数) の素因数に現れる素数を求めることができます。しかし，すべての整数 a に対して $x^2 - a$ の素因数を決定するためには，もう少し説明をしなければなりません。

a が負の数や合成数の場合にも，相互法則が使えるように法則を補う必要があります。

また，この節の計算は，a を p で割った余り r とおきかえて，

$$\left(\frac{a}{p}\right) = \left(\frac{r}{p}\right)$$

を用いた際，r が素数または 1 になる場合を扱っています。一般には，r は素数や 1 とは限りません。

次節では，補充法則と関連するいくつかの法則を紹介し，ルジャンドルの記号の計算を完成させたいと思います。

5.7 補充法則

第 1 補充法則は，$x^2 + 1$ の素因数としてどのような素数が現れるかという法則でした。つまり $\left(\dfrac{-1}{p}\right)$ の値についての法則です。そして，$4n + 1$ の素数 p が $x^2 + 1$ の素因数になり，$4n + 3$ の素数 p が $x^2 + 1$ の素因数にならないことは，ルジャンドルの記号を使うと次のように簡潔に表現することができます。

定理 5.10 p を奇数の素数とするとき，

$$\left(\frac{-1}{p}\right) = (-1)^{\frac{p-1}{2}}$$

が成り立つ。

実際，第 1 補充法則の右辺は，p が $4n+1$ の素数のときに 1 になります。

$$(-1)^{\frac{p-1}{2}} = (-1)^{\frac{(4n+1)-1}{2}} = (-1)^{2n} = 1$$

また，p が $4n+3$ の素数のときに -1 になります。

$$(-1)^{\frac{p-1}{2}} = (-1)^{\frac{(4n+3)-1}{2}} = (-1)^{2n+1} = -1$$

次に $a = 2$ のとき，つまり $x^2 - 2$ の素因数を考えます。実際に素因数を調べてみましょう。

次ページの表 5.3 をみると，奇数の素数は 7, 17, 23, 31, 47, 79 が素因数として現れ，3, 5, 11 は現れていません。これらの素数がどのような法則をもっているかは，これだけの例から見出すのは難しいですが，p が $8n+1$, $8n+7$ の素数のとき，p は $x^2 - 2$ の素因数として現れ，p が $8n+3$, $8n+5$ の素数のとき素因数にはなりません。

この証明は省略しますが，このことをルジャンドルの記号を使って表現すると，次のようになります。右辺は p が $8n+1$, $8n+7$ の素数のとき，1 になり，p が $8n+3$, $8n+5$ の素数のとき -1 になります。

表 5.3: $x^2 - 2$ の素因数分解

x	$x^2 - 2$
0	-2
1	-1
2	2
3	7
4	$2 \cdot 7$
5	23
6	$2 \cdot 17$
7	47
8	$2 \cdot 31$
9	79
10	$2 \cdot 7^2$

定理 5.11 p を奇数の素数とするとき，

$$\left(\frac{2}{p}\right) = (-1)^{\frac{p^2-1}{8}}$$

が成り立つ。

この $x^2 - 2$ の素因数についての法則を，平方剰余の相互法則の**第 2 補充法則**といいます。

ルジャンドルの記号のもうひとつの性質は

$$\left(\frac{ab}{p}\right) = \left(\frac{a}{p}\right)\left(\frac{b}{p}\right)$$

です。この法則によって,ルジャンドルの記号 $\left(\dfrac{a}{p}\right)$ の計算は,a の部分を素因数分解して計算すればよいことになります。

この証明は少し難しいので省略しますが,例で成り立つことを確認しましょう。

(5.10) $$\left(\frac{3\cdot 5}{7}\right) = \left(\frac{3}{7}\right)\left(\frac{5}{7}\right)$$

を示します。

左辺は 15 を 7 で割った余りが 1 だから,

$$\left(\frac{15}{7}\right) = \left(\frac{1}{7}\right) = 1$$

です。右辺は,表 5.1 の $x^2 - 3$ の表, $x^2 - 5$ の表で, $x = 7$ までを調べれば,いずれも 7 が素因数に現れないことがわかるので,

$$\left(\frac{3}{7}\right)\left(\frac{5}{7}\right) = (-1)(-1) = 1$$

となります。(5.10) 式が成り立つことが確かめられました。

表で確認した部分は相互法則を用いると,

$$\left(\frac{3}{7}\right) = -\left(\frac{7}{3}\right) = -\left(\frac{1}{3}\right) = -1$$

と計算できます。ここで,最初の等式は $p = 3$, $q = 7$ ですから,定理 5.8(II) の場合の相互法則を用いています。2 番目の等式は 7 を 3 で割った余りが 1 であることを,3 番目

の等式は x^2-1 の素因数にすべての素数が現れることを用いています。

また，

$$\left(\frac{5}{7}\right) = \left(\frac{7}{5}\right) = \left(\frac{2}{5}\right) = (-1)^{\frac{5^2-1}{8}} = (-1)^3 = -1$$

となります。最初の等式は $p=5$, $q=7$ ですから，定理 5.8(I) の場合の相互法則を用いています。2番目の等式は7を5で割った余りが2であることを，3番目の等式は第2補充法則を用いています。

ルジャンドルの記号についてのいくつかの法則を説明しましたが，まとめてみると，p, q を異なる奇数の素数とするとき，以下の法則が成り立ちます。

(1) $\left(\dfrac{p}{q}\right)\left(\dfrac{q}{p}\right) = (-1)^{\frac{p-1}{2} \cdot \frac{q-1}{2}}$ （相互法則）

(2) $\left(\dfrac{-1}{p}\right) = (-1)^{\frac{p-1}{2}}$ （第1補充法則）

(3) $\left(\dfrac{2}{p}\right) = (-1)^{\frac{p^2-1}{8}}$ （第2補充法則）

(4) $\left(\dfrac{1}{p}\right) = 1$

(5) a を p で割った余りを r とするとき，$\left(\dfrac{a}{p}\right) = \left(\dfrac{r}{p}\right)$ となる。

(6) 整数 a, b に対して，$\left(\dfrac{ab}{p}\right) = \left(\dfrac{a}{p}\right)\left(\dfrac{b}{p}\right)$ となる。

これらの法則を使うと,すべてのルジャンドル記号 $\left(\dfrac{a}{p}\right)$ の値を計算できます。そして,$x^2 - a$ の素因数に p が現れるかどうかがわかります。

最後に,これらの公式を使って $x^2 - 31$ に素数 103 が素因数として現れるかどうかを調べてみましょう。$x = 1, 2, \cdots,$ 103 を代入して調べるのは大変です。このように大きな素数になると,2 次式の素因数になるかどうかというのは,コンピュータで計算をしないかぎり,手計算で表をつくって判断することは不可能です。しかし,前述のように,ルジャンドルの記号や相互法則を用いることで判断できます。

ルジャンドルの記号を用いると,この問題は $\left(\dfrac{31}{103}\right)$ の値を求める問題になります。

31 も 103 も $4n + 3$ の素数なので,$p = 31$,$q = 103$ とおいて,相互法則 (定理 5.8) の (II) を用いると,

$$\left(\dfrac{31}{103}\right) = -\left(\dfrac{103}{31}\right)$$

となります。$103 = 31 \times 3 + 10$ だから,法則 (5) より

$$\left(\dfrac{103}{31}\right) = \left(\dfrac{10}{31}\right)$$

となります。$10 = 2 \cdot 5$ だから,法則 (6) より

$$\left(\dfrac{10}{31}\right) = \left(\dfrac{2}{31}\right)\left(\dfrac{5}{31}\right)$$

となります。ここで、第2補充法則を用いると、31は$8n+7$の素数だから、

$$\left(\frac{2}{31}\right) = 1$$

となります。また、相互法則 (定理 5.8) の (I) を用いて、

$$\left(\frac{5}{31}\right) = \left(\frac{31}{5}\right) = \left(\frac{1}{5}\right) = 1$$

となります。2番目の等式は公式 (5) を用いています。

以上により、

$$\left(\frac{31}{103}\right) = -\left(\frac{103}{31}\right) = -\left(\frac{10}{31}\right) = -\left(\frac{2}{31}\right)\left(\frac{5}{31}\right) = -1$$

となります。ルジャンドルの記号の値が -1 になったので、$x^2 - 31$ の素因数に素数 103 は現れません。

このように相互法則を用いて、ルジャンドルの記号 $\left(\dfrac{a}{p}\right)$ の値を求めれば、素数 p が $x^2 - a$ の素因数に現れるかどうかは、比較的簡単に判断することができます。

5.8 相互法則をめぐって

フェルマーからオイラー、ルジャンドル、ガウスと続く、平方剰余の相互法則の歴史を紹介しましょう。

1621年、バシェによるディオファントスの『数論』のラテン語訳が出版され、それを手にとったフェルマーによっ

て，近代整数論の歴史が始まります。整数論は，個別の問題を解くだけでなく，より一般的，より体系的なものへと進化をとげていきます。

フェルマーは平方和定理 (定理 3.9) に関連して，次のように第 1 補充法則を見出しています。

> **定理 5.12** p を奇数の素数とするとき，次は同値である。
>
> (1) p は $4n+1$ の素数である。
> (2) $\left(\dfrac{-1}{p}\right) = 1$ となる。
> (3) $x^2 + y^2 = p$ となる整数 x, y が存在する。

フェルマーは平方和 x^2+y^2 の類似として，x^2+ny^2 ($n = \pm 2, \pm 3$) を研究しました。たとえば，$n = -2$ として，第 2 補充法則を見出しています。

> **定理 5.13** p を奇数の素数とするとき，次は同値である。
>
> (1) p は $8n+1$, $8n+7$ の素数である。
> (2) $\left(\dfrac{2}{p}\right) = 1$ となる。
> (3) $x^2 - 2y^2 = \pm p$ となる整数 x, y が存在する。

このようにフェルマーは, $\left(\dfrac{-1}{p}\right)$, $\left(\dfrac{\pm 2}{p}\right)$, $\left(\dfrac{\pm 3}{p}\right)$ の判定条件を見出しましたが, 証明はラグランジュやオイラーによります.

また, フェルマーの探究は $x^2 + ny^2$ の表す素数に主眼があって, $x^2 - p$ の素因数と $x^2 - q$ の素因数が相互に関係する事実そのものを見出したわけではありません.

相互法則は, オイラーによって見出されます.

オイラーは1729年, ゴールドバッハとの手紙の中で, フェルマー数に出会います. オイラーは, フェルマーの仕事に興味をもち, フェルマー数の素因数, メルセンヌ数の素因数, 2次形式 $nx^2 + my^2$ の素因数と関心を広げて, ついに, 平方剰余の相互法則に到達します.

オイラーが最初に平方剰余に直接関与するのは, オイラーの規準と呼ばれる定理です. p を奇数の素数, a を p で割り切れない整数とするとき,

$$a^{p-1} - 1 = (a^{\frac{p-1}{2}} - 1)(a^{\frac{p-1}{2}} + 1)$$

の左辺が, フェルマーの小定理により, p で割り切れます. p が素数なので, 右辺のいずれかの式が p で割り切れますが, そのいずれの式かを決めるのが, オイラーの規準と呼ばれる次の定理です.

定理 5.14 p を奇数の素数, a を p で割り切れない整数とする. このとき, $a^{\frac{p-1}{2}} - \left(\dfrac{a}{p}\right)$ は p で割り切れる.

オイラーは1744年に，相互法則について初めて触れています。

> **定理 5.15** p, q $(p > q)$ を奇数の素数とし，a を p, q で割り切れない自然数とする。このとき，$p - q$ が $4a$ で割り切れれば，
> $$\left(\frac{a}{p}\right) = \left(\frac{a}{q}\right)$$
> が成り立つ。

素数 p を固定して，a を変化させるとき，$\left(\dfrac{a}{p}\right)$ の値は a を p で割った余りで決まりますが，定理 5.15 は逆に a を固定して，素数 p を変化させるとき，$\left(\dfrac{a}{p}\right)$ の値が p を $4a$ で割った余りで決まることを主張しています。

1772年，オイラーはついに相互法則を発見します。同年の論文でオイラーは，第1補充法則を証明し，次の4つの関係を述べています。

(1) p が $4n+1$ の素数のとき，

$$\left(\frac{p}{q}\right) = 1 \quad \text{ならば，} \left(\frac{q}{p}\right) = 1 \text{ となる。}$$

(2) p が $4n+3$ の素数のとき，

$$\left(\frac{-p}{q}\right) = 1 \quad \text{ならば，} \left(\frac{q}{p}\right) = 1 \text{ となる。}$$

(3) p が $4n+1$ の素数のとき,

$$\left(\frac{p}{q}\right) = -1 \quad \text{ならば、} \left(\frac{q}{p}\right) = -1 \text{ となる。}$$

(4) p が $4n+3$ の素数のとき,

$$\left(\frac{-p}{q}\right) = -1 \quad \text{ならば、} \left(\frac{q}{p}\right) = -1 \text{ となる。}$$

これらは，ルジャンドルによってまとめらた相互法則と同値です。

ルジャンドルは，1785 年の論文で相互法則を紹介し，証明を試みます。そして，1798 年に出版された『数の理論』でルジャンドルの記号を導入し，相互法則の最終形を発表しました。

$$\left(\frac{p}{q}\right) = (-1)^{\frac{p-1}{2}\frac{q-1}{2}} \left(\frac{q}{p}\right)$$

ルジャンドルは，左辺の p と q が $4n+1$ の素数か $4n+3$ の素数か，左辺のルジャンドルの記号 $\left(\dfrac{p}{q}\right)$ の値が ± 1 のいずれか，に応じて 8 通りに場合分けし，p が $4n+1$ の素数，q が $4n+3$ の素数，かつ $\left(\dfrac{p}{q}\right) = -1$ の場合，p が $4n+3$ の素数，q が $4n+1$ の素数，かつ $\left(\dfrac{p}{q}\right) = 1$ の場合，p と q が $4n+3$ の素数，かつ $\left(\dfrac{p}{q}\right) = 1$ の場合の 3 つの場合を証明しています。

そして，残りの5つの場合を

奇数の素数 p, q に対し，$\left(\dfrac{\ell}{p}\right) = \left(\dfrac{\ell}{q}\right) = -1$ を
満たす $4n+1$ の素数 ℓ が存在する

等を仮定して示しました。この仮定は，p に対しても q に対しても平方非剰余で，かつ，4で割って1余る r に対して，$4pqn+r$ の素数が存在することと同値になります。

ルジャンドルはこの仮定の考察から，ディリクレの算術級数定理を予想します。

> **定理 4.8** a と b を互いに素であるような2つの自然数とするとき，$an+b$ の素数が無数に存在する。

算術級数定理を用いれば仮定が成り立ち，相互法則が証明できます。そこでルジャンドルは，算術級数定理の証明を試みましたが，証明にはいたりませんでした。

仮定のない，完全な証明は，ガウスの『整数論』にゆずることになります。

ルジャンドルは，1801年のガウスの証明発表後も，1808年，1830年と自身の著作『数の理論』を改訂するごとに，$x^2 - 2y^2 = -p$ の整数解を用いる等の新しいアイディアを導入して，平方剰余の相互法則の証明を改良しています。

最終的に，ルジャンドルは

$4n+1$ の素数 p に対し，$\left(\dfrac{p}{q}\right) = -1$ を満たす

> $4n+3$ の素数 q が存在する

を仮定した証明にとどまりましたが，平方剰余の相互法則の証明を発表した 1785 年から，『数の理論』第 3 版が出版された 1830 年にいたるまで，少なくとも 45 年にわたって証明に挑戦し続けたことになります。

私たちは，ここにルジャンドルの相互法則の証明に対する執念を感じずにはいられません。ルジャンドルにとっても，相互法則は限りない魅力をもった定理であったといえます。

5.9 ガウス整数とは

第 3 章では，$4n+1$ の素数の個性を調べました。もう一度，繰り返すと，$4n+1$ の素数は 2 次式 x^2+1 の素因数になる奇数の素数であり，平方和 x^2+y^2 の表す奇数の素数でした。また $4n+1$ の素数は，既約なピタゴラス数の斜辺の素因数になる奇数の素数でもありました。

これらの個性は，それぞれまったく別のものにみえますが，実は，そうではありません。「ガウス整数の素因数分解」という視点でながめると，$4n+1$ の素数の個性が互いに関係しあっているのです。外見上違ってみえるものが実は同じ，という発見は数学の面白さのひとつです。

早速，「ガウス整数」について説明を始めたいと思います。

証明は次節にまわして，この節ではガウス整数がどのようなものであるかをまず紹介します。

3.6 節で示したフェルマーの平方和定理は，2 または $4n+1$

の素数 p に対して,方程式

(5.11) $$x^2 + y^2 = p$$

の解が存在するというものでした。

これは,2次の不定方程式の整数解の問題です。ガウスは,この平方和定理に新しい解釈を与えます。

因数分解の公式

$$x^2 - y^2 = (x+y)(x-y)$$

において,y を純虚数 yi におきかえて,虚数 i の性質

$$i^2 = -1$$

を用いると,因数分解の公式は

$$x^2 + y^2 = (x+yi)(x-yi)$$

となります。これより方程式 (5.11) は

$$(x+yi)(x-yi) = p$$

と変形できます。方程式 (5.11) は,かけて p になる2つの数,$x+yi$ と $x-yi$ をみつける問題といいかえられ,p を複素数の積に分解する問題にみえます。

一方,$4n+3$ の素数 p は,$p = x^2 + y^2$ と書けないので,$p = (x+yi)(x-yi)$ とは分解しません。このように考えると,$x+yi$ という形の整数の世界があって,その整数の世界での素因数分解が平方和定理になっているのではないか,そんな夢を抱きます。2次の不定方程式 $x^2 + y^2 = p$ の問題が,新しい数の世界における素因数分解と結びつくのは驚きです。私たちが慣れ親しんだ

$$\pm 1,\ \pm 2,\ \pm 3, \cdots$$

以外にも新しい整数の世界があり，そして，新しい素数があることが期待されます．

$$x^2 + y^2 = (x+yi)(x-yi)$$

は，単なる因数分解にみえるかもしれませんが，実は，代数的整数という新しい整数の存在を示唆した大発見なのです．

$x+yi$ のような数，つまり a, b を整数としてより一般に

$$a + bi \quad (a,\ b\text{は整数})$$

で表される数を**ガウス整数**と呼びます．a を**実部**，b を**虚部**といいます．これに対して，私たちが今まで整数と呼んでいた

$$0,\ \pm 1,\ \pm 2,\ \pm 3, \cdots$$

を，ガウス整数と区別して**有理整数**と呼びます．

$a+bi$ の形の数にガウスの名がついているのは，ガウスが初めて体系的に扱ったからです．その経緯をかんたんに説明しましょう．

x^2+1 に現れる素因数に法則があるのと同様，相互法則のところで説明したように x^2-a に現れる素因数にも法則がありました．ガウスはさらに，平方剰余の相互法則の一般化に取り組みます．たとえば，x^3+a，x^4+a に現れる素因数の規則性で，それぞれ 3 乗剰余の相互法則，4 乗剰余の相互法則と呼ばれています．

ガウスは，整数の範囲を拡げることによって，4 乗剰余に関する自然な理論が得られることに気がつきます．早くも

1805年には気づいていたという記録が残っています。そして、ガウス整数の研究を始め、1832年に発表した論文で、有理整数とガウス整数の類似点を示しています。

両者の類似点を順にみていきましょう。

ガウス整数は有理整数と同じように、たし算と引き算ができます。a, b, c, d を有理整数とするとき

$$(a+bi) + (c+di) = (a+c) + (b+d)i$$
$$(a+bi) - (c+di) = (a-c) + (b-d)i$$

となり、ガウス整数の和と差はともにガウス整数になります。かけ算もできます。

$$(a+bi)(c+di) = ac+adi+bci+bdi^2 = (ac-bd)+(ad+bc)i$$

となり、ガウス整数の積はガウス整数になります。割り算については、

$$\frac{a+bi}{c+di} = \frac{(a+bi)(c-di)}{(c+di)(c-di)} = \frac{(ac+bd)+(-ad+bc)i}{c^2+d^2}$$

だから、ガウス整数の分数は

$$\frac{r}{s} + \frac{t}{u}i \ (r, s, t, u は有理整数)$$

と表されることがわかります。これより、割り算の答えはガウス整数になるとは限らないことがわかります。

この性質も有理整数と同じです。有理整数の割り算も割り切れる場合とそうでない場合がありました。そして、ガウス整数の割り算にも、有理整数と同じように、商と余りがあることが知られています。余りがゼロでない場合、つ

まり,割り切れない場合には,ガウス整数の分数はガウス整数ではなくなります。

このようにガウス整数には,有理整数と同じように加減乗除の四則があります。とくに,積があることで,約数や倍数を考えることが可能です。素数を考えることもできます。

ここで,ガウス整数の素数を正確に定義したいと思います。そのためには自然数の素数の定義を少し修正する必要があるので,丁寧に説明しましょう。

自然数の場合,2, 3, 5, … のように自分自身と 1 以外の約数をもたないものが素数と呼ばれます。有理整数の場合には,負の数も存在するので,-2, -3, -5, … のように符号を変えただけの整数も素数と呼んでさしつかえありません。-2 の倍数が,2 の倍数なので,符号を変えた素数の性質はもとの素数と変わりないからです。

符号にあたる整数 ± 1 は,特別な性質をもっています。1 がすべての自然数の約数であったように,± 1 はすべての有理整数の約数になります。とくに,± 1 は 1 の約数になります。

このように,1 の約数になる有理整数を**単数**といいます。そして,-2 と 2 のように符号のみが異なる 2 数を,**単数倍を除いて等しい**,といいます。

約数が,単数倍を除いて,1 と自分自身に限る有理整数を**有理素数**といいます。いいかえると,単数と自分自身の単数倍以外の約数をもたない有理整数が有理素数です。つまり,± 2, ± 3, ± 5, ± 7, … が有理素数です。

ガウス整数の単数と素数の定義は,有理整数の定義をガウス整数に置きかえることで得られます。ガウス整数にお

いても,1の約数を単数といいます。±1, ±i の4つの単数があることをあとで証明します。そして,単数と自分自身の単数倍以外の約数をもたないガウス整数を**ガウス素数**と呼びます。たとえば,$1+i$, 3, $2+i$ がガウス素数になりますが,単数とガウス素数の性質についての証明は,次節で詳しく紹介します。

素数を定義したので,有理整数とガウス整数の類似へ話を戻しましょう。ガウス整数は有理整数と同じように,素因数分解できることが知られています。

第2章で述べたように,自然数については素因数分解の存在と一意性が成り立っていました。そして,ガウス整数の世界でも,同様に素因数分解の存在と一意性が成り立っています。つまり,次の定理が成り立ちます。

定理 5.16 ガウス整数は素因数分解できる。素因数分解は順序と単数倍を除いて一意的である。

[証明略]

この定理の証明は割愛しますが,「単数倍を除いて」に関して有理整数の素因数分解を例にとって,もう少し詳しく説明しましょう。

素因数分解は,自然数の範囲では,$6 = 2 \cdot 3$ と一通りに素因数分解できますが,有理整数の範囲では,$6 = 2 \cdot 3 = (-2) \cdot (-3)$ と,すべての素因数について,正負の符号を考える必要があります。この正負の符号を考えるのが単数倍を考えることでした。

しかし,素因数分解の本質は,どの素数が何回現れるかにありますから,6の素因数分解に素数2と素数3が1回ずつ現れることが大切で,$2 \cdot 3$と表すか,$(-2) \cdot (-3)$と表すかは表記の違いと考えられます。このように正負の符号を気にせず,素因数分解に現れる素数に着目する考え方を,「単数倍を除いて」と呼んでいます。したがって,有理整数は単数倍,つまり± 1倍を除いて,素因数分解ができ,分解の仕方が順序を除いて一通りであるといえます。

ここで,ことばの約束をひとつします。有理素数は,± 2, ± 3, ± 5, $\cdots$ですが,等差数列$\{4n+1\}$の項を負の数の範囲まで考えたとき,$\cdots$, -7, -3, 5, 13, $\cdots$の有理素数があります。だから-7, -3は$4n+1$の有理素数となります。しかし,ここで分解を考えるときは正の数に注目するので,「$4n+1$の素数」と書けば,従来どおり正の有理素数5, 13, 17, $\cdots$を指すものとします。同様に,「$4n+3$の素数」と書けば3, 7, 11, $\cdots$を指すものとします。

3.6節で紹介した平方和定理は,2と$4n+1$の素数のガウス整数としての素因数分解を与えます。2と$4n+1$の素数は,2つの平方数の和で表すことができ,

$$2 = 1^2 + 1^2 = (1+i)(1-i)$$
$$5 = 2^2 + 1^2 = (2+i)(2-i)$$
$$13 = 3^2 + 2^2 = (3+2i)(3-2i)$$
$$17 = 4^2 + 1^2 = (4+i)(4-i)$$

となります。

ここで,$2 = (1+i)(1-i)$は,相異なる2つのガウス素

数に分解しているようにみえますが,

$$1 - i = -i(1+i)$$

であることより, $1-i$ は $1+i$ と単数倍を除いて等しい数なので, 2は

$$2 = -i(1+i)^2$$

と素因数分解できます。5や13については, 相異なるガウス素数の積に分解しています。

$4n+3$ の素数はガウス整数の範囲でも, 分解せずにガウス素数になります。

以上の例からわかることをまとめると,

$4n+1$ の素数……2つのガウス素数の積に分解する有理素数

$4n+3$ の素数……分解せずガウス素数になる有理素数

となります。このことは次節で説明します。分解する素数と分解しない素数。ガウス整数の素因数分解にも, $4n+1$ の素数と $4n+3$ の素数の個性が顔を出しています。

ガウスは, ガウス整数という新しい整数の世界の発見者となりました。つまり, 有理整数における約数や倍数をはじめとするさまざまな数の問題が展開できる新しいフィールドを発見したのです。$a + bi$ に続いて,

$$u + b\omega \ (\omega = \frac{-1+\sqrt{-3}}{2}, \ a, \ b は有理整数)$$

や

$$a + b\sqrt{2} \quad (a, b \text{ は有理整数})$$

等の，2次方程式を満たす整数が有理整数と同じ性質をもっていることが示されています。

自然数には，素因数分解の存在と一意性がいえました。そして有理整数やガウス整数は，素因数分解の存在と，単数倍を除いて，一意性がいえます。では，どのような数であっても，素因数分解の存在と一意性がいえるかというと，そうではありません。

たとえば，a, b を有理整数として，$a + b\sqrt{5}i$ という数を新しい「整数」と考えると，この「整数」の世界では素因数分解の一意性が成り立ちません。自然数に慣れ親しんでいる私たちには意外なことではありますが，実は，素因数分解ができる数の世界のほうが，むしろ特別であるといえます。そして，このような「整数」の研究は，その後，より高次の代数的整数と呼ばれる数の研究へと発展していきます。

5.10　ガウス素数と平方和定理

この節では，ガウス整数やガウス素数の性質を紹介します。そして，第1補充法則と定理5.16を用いて，平方和定理の別の証明を与えます。

まず，単数を求めておきましょう。

> **定理 5.17**　ガウス整数の単数は，$\pm 1, \pm i$ の4つである。

[**証明**] $a+bi$ を単数とします。単数は1の約数ですから，ガウス整数 $c+di$ があって，

$$(5.12) \qquad 1 = (a+bi)(c+di)$$

とおけます。素朴に計算すると，右辺を展開して，係数比較して，$ac-bd=1$, $ad+bc=0$ を解けばよいのですが，この方法は計算が非常に難しくなります。そこで，共役な複素数をかけて，有理整数の方程式を導くというアイディアで計算します。

共役な複素数とは，i の係数の符号を変えた複素数のことです。1 の共役な複素数は 1, $(a+bi)(c+di)$ の共役な複素数は $(a-bi)(c-di)$ なので，

$$(5.13) \qquad 1 = (a-bi)(c-di)$$

となります。

(5.12) 式と (5.13) 式の辺々の積をとって，

$$\begin{aligned}
(5.14) \quad 1 &= (a+bi)(c+di)(a-bi)(c-di) \\
&= (a+bi)(a-bi)(c+di)(c-di) \\
&= (a^2+b^2)(c^2+d^2)
\end{aligned}$$

となります。このように，ガウス整数 $a+bi$ に共役な複素数 $a-bi$ をかけると，a^2+b^2 となり，ガウス整数の問題が有理整数の問題にかわります。

方程式 (5.14) は解けます。a^2+b^2 と c^2+d^2 はともに正の有理整数ですから，

$$(a^2+b^2, c^2+d^2) = (1,1)$$

となります。

$a^2 + b^2 = 1$ より, $(a, b) = (\pm 1, 0), (0, \pm 1)$ でガウス整数で表すと,

$$a + bi = \pm 1, \ \pm i$$

となります。したがって, ガウス整数の単数は ± 1, $\pm i$ の4つになります。 □

$a^2 + b^2 = 1$ ならば, $(a+bi)(a-bi) = 1$ より, $a \pm bi$ は 1 の約数になります。したがって, $a \pm bi$ は単数になります。定理 5.17 の証明とあわせて, 次のことがわかります。

定理 5.18 $a^2 + b^2 = 1$ であることと, $a \pm bi$ が単数であることとは同値である。

さらに, 次の定理が成り立ちます。

定理 5.19 p を正の有理素数とする。このとき $p = a^2 + b^2$ であることと, $a \pm bi$ が p を真に割り切るガウス素数であることとは同値である。

ここで, 「ガウス素数 $a+bi$ が p を真に割り切る」とは, p がガウス素数 $a+bi$ と単数でないガウス整数の積となるという意味です。

[証明] $p = a^2 + b^2$ のとき, $p \neq 1$ なので, 定理 5.18 より $a \pm bi$ は単数ではありません。$p = (a+bi)(a-bi)$ より,

$a \pm bi$ は p を真に割り切るガウス整数です。

このとき,$a+bi$ がガウス素数であることを背理法で示します。$a+bi$ がガウス素数でないと仮定します。ガウス整数は素因数分解できるので,$a+bi$ は,あるガウス素数 $c+di$ で真に割り切れます。したがって,単数でないガウス整数 $e+fi$ に対して,

$$a+bi = (c+di)(e+fi)$$

と表すことができます。共役な複素数

$$a-bi = (c-di)(e-fi)$$

をかけると,

$$p = a^2 + b^2 = (c^2+d^2)(e^2+f^2)$$

となります。p は有理素数だから,

$$(c^2+d^2, e^2+f^2) = (1,p), (p,1)$$

となり,定理 5.18 より,$c+di$,または,$e+fi$ が単数になります。しかし,$c+di$ はガウス素数で単数ではなく,$e+fi$ も単数ではないガウス整数ですから,矛盾が生じます。

したがって,$a+bi$ はガウス素数です。$a-bi$ がガウス素数であることも,まったく同様に示せます。

逆に,$a+bi$ が p を真に割り切るガウス素数であるとき,$p = a^2 + b^2$ となることを示します。

p はガウス素数 $a+bi$ で真に割り切れるので,単数でないあるガウス整数 $c+di$ に対して

$$p = (a+bi)(c+di)$$

と分解します。

共役な複素数 $\bar{p} = (a-bi)(c-di)$ をかけて,
$$p^2 = (a^2+b^2)(c^2+d^2)$$
となります。したがって,
$$(a^2+b^2, c^2+d^2) = (1, p^2),\ (p, p),\ (p^2, 1)$$
となります。

$a^2+b^2 = 1$ のときは, 定理 5.18 より $a+bi$ が単数となり, $a+bi$ がガウス素数であることに矛盾します。また, $a^2+b^2 = p^2$ のときは, $c^2+d^2 = 1$ となり, 定理 5.18 より, $c+di$ が単数になり矛盾します。以上により, $a^2+b^2 = p$ となります。$a-bi$ が p を真に割り切るガウス素数のとき, $p = a^2+b^2$ となることもまったく同様に示せます。　□

定理 5.19 に現れた $a^2+b^2 = p$ という等式は, 平方和定理で登場した等式です。平方和定理は, ガウス素数の素因数分解と密接な関係があります。実は, 第 1 補充法則とガウス整数の素因数分解を用いて, 平方和定理の証明をすることができます。

> **定理 3.9** p を正の (有理) 素数とする。このとき, p が 2 または $4n+1$ の素数であることと, $a^2+b^2 = p$ を満たす (有理) 整数 a, b が存在することは同値である。

[証明] p が 2 のときは,
$$2 = 1^2 + 1^2$$

となります。

p を $4n+1$ の素数とします。このとき，$p = a^2 + b^2$ と表せることを示します。第 1 補充法則から，ある有理整数 x に対し，$x^2 + 1$ が p の倍数になるので，ある有理整数 k に対して $x^2 + 1 = kp$ となります。また，$x^2 + 1$ は

$$x^2 + 1 = (x+i)(x-i)$$

と分解します。このとき，$kp = (x+i)(x-i)$ となります。今，p がガウス整数の範囲で分解せず，ガウス素数であると仮定します。ガウス素数の素因数分解の一意性より，p は $x+i$ または $x-i$ を割ります。しかしながら，p で割った

$$\frac{x}{p} + \frac{1}{p}i,\ \frac{x}{p} - \frac{1}{p}i$$

のいずれも，ガウス整数ではありません。なぜなら，$\frac{1}{p}$ は有理整数ではないからです。したがって，p はガウス素数ではなく，p を真に割り切るガウス素数 $a \pm bi$ が存在します。このとき，定理 5.19 より，

$$p = a^2 + b^2$$

となります。

p が $4n+3$ の素数のときは，a^2 と b^2 が $4n$ または $4n+1$ の自然数であることから，$p = a^2 + b^2$ とは表されません。

以上により，定理 3.9 の別の証明が得られました。　　□

$p = a^2 + b^2 = (a+bi)(a-bi)$ なので，ガウス整数の素因数分解の一意性より，$p = a^2 + b^2$ の表し方が一通りであ

ることもわかります。このようにガウス整数の世界で考えると，小高い山の上から見下ろすのと同じように，違った景色がみえてきます。

では最後に，どのようなガウス整数がガウス素数であるかをまとめて，その証明をしましょう。ここに，ガウス整数の世界で分解する有理素数と，ガウス整数の世界でも素数であり続ける有理素数の違いが，本書のテーマである $4n+1$ と $4n+3$ の個性の違いとなって顕著に現れてきます。

定理 5.20 ガウス素数は次の 3 種類である。
(1) 2 の素因数 $1+i$
(2) $4n+1$ の素数 p の素因数 $a \pm bi$
   ここで，$p = (a+bi)(a-bi) = a^2 + b^2$
(3) $4n+3$ の素数 p

[証明] すでに述べているように，$2 = 1^2 + 1^2$ なので，定理 5.19 より，$1+i$ はガウス素数です。

次に p が $4n+1$ の素数のとき，平方和定理より，$p = a^2 + b^2$ と表されます。定理 5.19 より，$a \pm bi$ はガウス素数です。

p が $4n+3$ の素数のとき，p はガウス整数の世界でも素数になります。なぜなら，平方和定理によって，p は $a^2 + b^2$ と表すことができないので，やはり定理 5.19 よりガウス素数で真に割り切れないからです。

最後に，上の 3 つの場合ですべてのガウス素数が求まっていることを示します。

$a+bi$ をガウス素数とします。

$$a^2 + b^2 = (a+bi)(a-bi)$$

は，自然数の範囲で $p_1{}^{e_1} \cdots p_r{}^{e_r}$ と素因数分解します。このとき，ガウス素数 $a+bi$ はいずれかの素数 p_j を割り切ります。正の有理素数は，2 か $4n+1$ の素数か $4n+3$ の素数のいずれかなので，ガウス素数 $a+bi$ は上の 3 つの場合のいずれかになります。 □

最後に歴史的な背景を少し解説して，本章を終えたいと思います。

18 世紀の整数論研究者にとって，整数係数の 2 次方程式

(5.15) $$ax^2 + bxy + cy^2 = n$$

の整数解を求めることは，重要な主題のひとつでした。本書に登場したペル方程式

$$x^2 - py^2 = \pm 1$$

や平方和定理

(5.16) $$x^2 + y^2 = p$$

も，このタイプの問題です。(5.15) の左辺を **(2 元)2 次形式**と呼び，$b^2 - 4ac$ を 2 次形式の**判別式**といいます。

(5.15) を解くためには，$\alpha\delta - \beta\gamma = \pm 1$ を満たす整数に対する 1 次変換

$$x = \alpha X + \beta Y, \ y = \gamma X + \delta Y$$

によって，(5.15) を同じ判別式をもつ，より簡単な方程式

(5.17) $$AX^2 + BXY + CY^2 = n$$

にとりかえます。
$$X = \pm(\delta x - \beta y),\ Y = \pm(-\gamma x + \alpha y)$$
が成り立つので，(5.15) の解と (5.17) の解は 1 対 1 に対応します．また，
$$b^2 - 4ac = B^2 - 4AC$$
も成り立ち，変数変換で判別式はかわりません．

1767 年にラグランジュは，(5.15) の左辺が，

(5.18) $$|b| \leqq |a| \leqq |c|$$

を満たすように変数変換できることを示します．そして，(5.15) の解をみつける問題を完全に解決しました．(5.18) の不等式を満たす 2 次形式を**簡約形式**と呼びます．

ガウスはさらに，さまざまな 2 次形式の算法を定義し，2 次形式の性質に関する多くの事柄を示しました．

たとえば，判別式の等しい 2 次形式に関して，$a_1 x^2 + b_1 xy + c_1 y^2 = n_1$ と $a_2 x^2 + b_2 xy + c_2 y^2 = n_2$ が解をもつとき，$a_3 x^2 + b_3 xy + c_3 y^2 = n_1 n_2$ が解をもつような 2 次形式 $a_3 x^2 + b_3 xy + c_3 y^2$ が存在することを示しています．これは，2 次形式にある種の積があることを意味する大きな発見で，その後の 2 次体の整数論に発展していきます．

また，2 次形式 $ax^2 + bxy + cy^2$ に対して，判別式が等しく，$c' = a, b+b'$ が c の倍数，を満たす 2 次形式 $a'x^2 + b'xy + c'y^2$ を**隣接形式**と定義します．2 次形式の判別式が正の場合には，簡約形式の隣接形式が 2 次の無理数の連分数展開にほぼ対応します．

第5章 等差数列と相互法則〜ガウスのしらべ

ガウスは，平方和定理に少なくとも3通りの証明を与えています。5.10節の定理3.9の方法，2次形式の隣接形式を用いる方法(定理5.6にほぼ対応)，そして，2次形式の簡約理論を用いた方法です。ここでは，簡約形式を用いる方法を説明します。

2次形式 $x^2 + y^2$ は簡約形式で正または零の値をとります。判別式は，

$$0^2 - 4 \cdot 1^2 = -4$$

になります。逆に，

(5.19) $$b^2 - 4ac = -4$$

と(5.18)を満たす a, b, c を求めると，(5.19)の両辺の符号に着目して，$ac > 0$ がわかり，(5.18)を用いると，(5.19)より，

$$a^2 - 4a^2 \geqq -4$$

を得ます。したがって，$a = \pm 1$ で，(5.18)と(5.19)より，$b = 0$, $c = \pm 1$ となります。これより，判別式 -4 の正または零の値をとる簡約2次形式は $x^2 + y^2$ に限ることがわかります。

今，p を $4n + 1$ の素数とすると，第1補充法則より，

$$r^2 + 1 = \ell p$$

が成り立ちます。ここで，p, r, ℓ を係数とする2次の不定方程式

(5.20) $$px^2 + 2rxy + \ell y^2 = p$$

217

を考えます。$(x, y) = (1, 0)$ が解であることは明らかです。さらに，左辺の判別式を考えると，

$$(2r)^2 - 4p\ell = -4(\ell p - r^2) = -4$$

となります。したがって，(5.20) は (5.16) に変数変換で移ります。(5.20) が解をもつので，(5.16) も解をもちます。これが平方和定理の証明になります。

問題の本質を見抜くとは，解法を示すことではなく，問題の背後に潜むある種の構造を発見し，解明することです。ガウスは平方和定理の背後に，ガウス整数の理論，隣接形式の理論，2次形式の簡約理論とさまざまな理論が潜んでいることを見抜きました。

2 または $4n + 1$ の素数が2数の平方和で表されることを発見したフェルマー，無限降下法で証明したオイラー，背後に潜む理論を解明したガウスと，数学史に名を成した巨人たちの手を経て，平方和定理は段階的に深まってきたのです。

5.11　素数の個性のその先は…？

本書では，等差数列 $\{4n + 1\}$, $\{4n + 3\}$ の中の素数をテーマにして，数の世界を探訪してきました。最後に，本書の内容の上にどのような整数論の世界が広がっているのかをかんたんに紹介します。

2次式 $x^2 + 1$ に $x = 1, 2, 3, \cdots$ を代入していったとき，その値は 2, 5, 10, 17, 26, $\cdots$ となりますが，この中に素数が無数に存在するかどうかは未解決の難問です。

一方，x^2+1 に現れる素因数には，美しい法則が存在していました。平方剰余の相互法則の第1補充法則で，2と $4n+1$ の素数が x^2+1 の素因数として現れ，$4n+3$ の素数はまったく現れないという顕著な性質です。そしてこの事実は，$p=x^2+y^2$ が解をもつ問題と関連していました。

さらには，ガウス整数という拡張された整数の中で，もはや素数ではなくなって分解する有理素数と，なおかつガウス素数であり続ける有理素数の問題とも関連していました。そして，この拡張されたガウス整数の中で数の現象をみると，非常に見通しがよくなることも紹介しました。このように整数の世界をさまざまに拡張することによって，整数論の世界が築かれていきます。

整数論の世界は，ガウス整数以外にも広がっています。たとえば，$a+b\sqrt{2}$ という拡張された整数の世界では，x^2-2 の素因数に2と $8n+1$, $8n+7$ のすべての素数が素因数として現れます。これが第2補充法則でした。そして $x^2-2y^2=\pm p$ が解をもつ素数が，2とすべての $8n+1$, $8n+7$ の素数である世界が明瞭にみえてきます。

ガウス整数の世界では，素因数分解の一意性が成り立っていました。$a+b\sqrt{2}$ の整数の世界でも，素因数分解の一意性が成り立っています。すると，$a+b\sqrt{d}$ ($d=-1$, ± 2, ± 3, $\cdots$) の数の世界ではいつも素因数分解の一意性が成り立つか，という問いが考えられます。

しかし，$a+b\sqrt{5}i$ という整数の世界では，素因数分解の一意性は成り立ちません。このことに関連して，1658年のディグビーへの手紙で，フェルマーは次の事実を発見しています。

> **定理 5.21** p が $20n+1$ または $20n+9$ の素数ならば，$p = x^2 + 5y^2$ と表される。また，p と q が $20n+3$ または $20n+7$ の素数ならば，$pq = x^2 + 5y^2$ と表される。

x^2+5 の素因数に現れる 5 以外の素数 p，つまり $\left(\dfrac{-5}{p}\right) = 1$ を満たす素数 p は，定理 5.21 の $20n+1$，$20n+9$，$20n+3$，$20n+7$ の 4 種類の素数です。しかし，x^2+5y^2 の表す素数は $20n+1$ と $20n+9$ の素数だけです。

ガウス整数 $a+bi$ の世界では，x^2+y^2 の表す素数と x^2+1 の素因数に現れる素数は同じでした。$a+b\sqrt{5}i$ の整数の世界とようすが異なるのを感じとっていただけると思います。

ガウス整数の世界と $a+b\sqrt{5}i$ という整数の世界はまったくの別物なのか，といえば，そうではありません。整数の倍数の集合を一般化したイデアルという新しい概念と，素数に対応する素イデアルという概念を導入すると，素イデアル分解の一意性が成り立ち，イデアルという新しい数の世界が展開されることになります。

たとえば，$a+b\sqrt{5}i$ という整数の世界では，素数 p のつくるイデアル (倍数の集合) が素イデアルの積に分解するのは $\left(\dfrac{-5}{p}\right) = 1$ を満たす素数 p のイデアル (倍数の集合) となります。

このような新しい数の世界における現象を考えるのが，代数的整数論と呼ばれる分野です。そして，この拡張された

整数の世界で素数がどのように分解されていくか，さらには素イデアルがどのように分解されていくのかは，きわめて興味深い問題です。

　素数や素イデアルが分解していく法則が等差数列を一般化した概念で統制されているという理論が高木貞治によって完成された類体論で，代数的整数論の中心的な存在となっています。しかし，数の現象は類体論の及ばないところにも存在します。

　数学の世界には星の数ほど美しい数の現象があって，解明されていない現象もまた無限に広がっています。それらを追い求めて，数学の理論は日々進化を続けているのです。

おわりに

本書では $4n+1$ と $4n+3$ の2つの形の素数を主役にして，整数論の世界を紹介しました。等差数列の中にちりばめられた素数の姿が，さまざまな数の世界につながっていることを感じとってもらえたとしたら幸いです。

本書を執筆しながら，著者たちはあらためて素数を取り巻く数学の世界の不思議さと面白さを味わい直しました。よく知っているはずの性質も，じっくり見直すとやはり不思議だという思いを強くします。

素数は簡単な概念です。素数の定義を初めて知ったとき，この数がこんなにも魅力あふれる存在であることを感じとった人はあまりいないかもしれません。しかし，素数をめぐる性質を見出していくと，その面白さ，不思議さ，美しさに誰もが深く惹かれていきます。

古代からの多くの数学者たちが，この素数に深い魅力を感じ，汲めども尽きぬ数の世界に魅了され，心血を注いで研究をしてきたのもうなずけます。等差数列中の素数が奏でる数の世界の音色を味わった読者は，ぜひその音色の先にある整数論の広い世界をのぞいてみてください。

素数の奏でる音色は，実に多様です。シンフォニーを思わせるような壮大なものから，ピアノの小品のようなものまであります。読者のもっている数学の知識に応じて，数の世界を楽しむことができます。本書で，整数論の世界に魅力を感じ，さらに数の世界をのぞいてみたいと感じていただけたなら，著者たちの望外の喜びとするところです。

終演のごあいさつ

　ユークリッドにはじまり，フェルマー，オイラー，そしてガウスと，数学界の巨人たちのしらべ——平方和定理，算術級数定理，平方剰余の相互法則——を演奏してきた「素数の音楽会」も，いよいよ終演となりました。

　$\{4n+1\}$ と $\{4n+3\}$，それぞれに個性的な 2 つの等差数列が奏でる名曲の数々は，みなさんの心にどのような響きを届けてくれたでしょうか。

　自然数，整数……。さまざまな表情をみせてくれる数たちは，満天の星空のように私たちの周囲で輝き続けています。その中でも，ひときわ美しく輝く星，素数をみかけたら，それが $4n+1$ の素数なのか，あるいは $4n+3$ の素数なのかを意識しながら，ながめてみるのもよいかもしれません。その奥では，ユークリッド，フェルマー，オイラー，ガウスに続く数学者たちによる，趣の異なった名曲が奏でられていることでしょう。

　それでは，また。いつの日か新たな「素数の音楽会」で，お目にかかりましょう。

関連図書

本書を執筆するにあたって，以下の文献を参考にしました。とくに数学者の生涯や歴史的な記述は，これらの多くの本を参照しました。

[1] 青本和彦 他・編集,『岩波 数学入門辞典』, 岩波書店 (2005)

[2] 足立恒雄,『フェルマーを読む』, 日本評論社 (1986)

[3] M. アイグナー，G. M. ツィーグラー, 蟹江幸博訳,『天書の証明』, シュプリンガー・フェアラーク東京 (2002)

[4] E. T. ベル, 田中勇訳, 銀林浩訳,『数学をつくった人々』I・II, 早川書房 (2003)

[5] ボイヤー, 加賀美鉄雄訳, 浦野由有訳,『数学の歴史』3・4, 朝倉書店 (1984)

[6] W. ダンハム, 中村由子訳,『数学の知性—天才と定理でたどる数学史』, 現代数学社 (1998)

[7] W. ダンハム, 黒川信重訳, 若山正人訳, 百々谷哲也訳,『オイラー入門』, シュプリンガー・フェアラーク東京 (2004)

[8] トビアンス・ダンツィク，ジョセフ・メイザー編，水谷淳訳，『数は科学の言葉』，日経 BP 社 (2007)

[9] ディリクレ，デデキント，酒井孝一訳，『整数論講義』，共立出版 (1970)

[10] J. R. Goldman，鈴木将史訳，『数学の女王』，共立出版 (2013)

[11] リチャード・K・ガイ，金光滋訳，『数論〈未解決問題〉の事典』，朝倉書店 (2010)

[12] スチュアート・ホリングデール，岡部恒治監訳，『数学を築いた天才たち』上・下，講談社 (1993)

[13] 鹿野健編著，『リーマン予想』，日本評論社 (1991)

[14] 上野健爾 他・監訳，中根美知代 他・訳，『カッツ 数学の歴史』，共立出版 (2005)

[15] 河田敬義，『数学の歴史 19 世紀の数学 整数論』，共立出版 (1992)

[16] 小林昭七，『なっとくする オイラーとフェルマー』，講談社 (2003)

[17] 黒川信重，『オイラー探検』，シュプリンガー・ジャパン (2007)

[18] A-M. Legendre, Théorie des Nombres, troisième édition, tome II, Firmin Didot Frères (1830)

[19] A-M. ルジャンドル, 高瀬正仁訳, 『数の理論』, 海鳴社 (2007)

[20] Franz Lemmermeyer, Reciprocity Laws, Springer (2000)

[21] 室井和男, 『バビロニアの数学』, 東京大学出版会 (2000)

[22] 日本数学会・編集, 『岩波 数学辞典 第 4 版』, 岩波書店 (2007)

[23] 中村滋, 高瀬正仁, 「数学の来し方, 行方」, 『数学セミナー』2014 年 2 月号

[24] P. Ribenboim, 吾郷孝視訳編, 真庭久芳訳編, 『少年と素数の物語』I・II, 共立出版 (2011)

[25] 斎藤憲, 『ユークリッド『原論』とは何か』, 岩波書店 (2008)

[26] イアン・スチュアート, 水谷淳訳, 『数学を変えた 14 の偉大な問題』, SB クリエイティブ (2013)

[27] W. シャーラウ, H. オポルカ, 志賀弘典訳, 『フェルマーの系譜』, 日本評論社 (1994)

[28] ジョセフ・H・シルヴァーマン, 鈴木治郎訳, 『はじめての数論』, ピアソン・エデュケーション (2007)

[29] 高瀬正仁訳, 『ガウス 整数論』, 朝倉書店 (1995)

[30] 高瀬正仁訳, 『ガウスの《数学日記》』, 日本評論社 (2013)

[31] アンドレ・ヴェイユ, 足立恒雄訳, 三宅克哉訳, 『数論ー歴史からのアプローチ』, 日本評論社 (1987)

　本書に続いて読む整数論の本をいくつか紹介します．もちろん，ここにあげる本の他にも優れた整数論の本はたくさんありますが，本書の内容に関連するものにしぼりました．
　まず，対話形式で書かれていて，気軽に楽しく読めるものとして [24] があります．連分数とガウス整数を除いた話題について，本書よりさらに多くのことについて書かれています．とくに II 巻は，素数分布の問題を中心に，未解決の問題が詳しく紹介されています．

　[16] は，本書で紹介した内容をさらに詳しく知ることができます．ガウス整数を除く話題について，詳しくかつわかりやすく解説されています．

　[28] は，整数論を本格的に勉強したい読者への入門書として推奨できます．副題に，「発見と証明の大航海—ピタゴラスの定理から楕円曲線まで」とあるように，古代ギリシャの整数論の話題から現代の楕円曲線の整数論まで，本書の第 4 章の内容を除く話題について読みやすく書かれています．とくに，平方剰余の相互法則，ガウス整数やその周辺の内容に多くのページがさかれています．

第4章に興味をもたれた読者には，[17] があります。高校の微分積分学の知識があれば読み進むことができ，オイラーの数学の中で本書で触れなかったゼータ関数やその他のオイラーの数学についても知ることができます。

[10] は，「歴史から見た数論入門」という副題のとおり，フェルマー，オイラー，ルジャンドル，ラグランジュ，ガウスなどの数学者の数学を解説しています。この点では，本書と構成が同じですが，それぞれについてかなり詳しく書かれていて，600 ページ近い大著です。ガウスの数学とその発展に詳しく，相互法則，2 次形式，ガウス整数をはじめとする 2 次体および代数的整数論について書かれています。さらに，20 世紀の整数論の話題にもふれられていて，歴史を通じて整数論全体を知ることができます。

第 5 章で取り上げたガウス整数は，2 次体の整数論につながります。2 次体の整数論については，山本芳彦，『数論入門』，岩波書店 (2003), があります。前半は豊富な例とともに，2 次体の整数論，そしてそれにつながる代数的整数論の基礎の内容がわかりやすく書かれています。後半は，代数的整数論や楕円関数などの高度な内容について書かれています。

2 次体の整数論を腰を据えて本格的に勉強したい読者には，高木貞治，『初等整数論講義』，共立出版 (1960), があります。初等整数論，2 次体の整数論について，整数論を学ぶ場合に必読の書とされてきた定評ある本です。

本書によって，整数論に興味をもたれた読者は，ぜひ，これらの本を手に取ってみてください。さらに整数論の広く深い世界を知っていただければと思っています。

さくいん

【人名】

- ア アダマール　29
  - ウィルソン　78
  - エラトステネス　41
  - エルデシュ　23, 54
  - オイラー　32, 69, 90, 100, 196
  - オレーム　119
- カ ガウス　28, 46, 64, 90, 148, 153
  - グリーン　54
- サ ソフィー・ジェルマン　98
- タ タオ　54
  - チェビシェフ　23
  - ディオファントス　58, 152
  - ディリクレ　110, 144
  - ド・ラ・バレ・プッサン　29
- ハ ハーディ　25
  - ピタゴラス　12, 30
  - フィボナッチ（ピサのレオナルド）　93
  - フェルマー　31, 58, 69, 81, 90, 152
  - ベルトラン　23
  - ポリニャック　18
- マ メルセンヌ　31, 84
- ヤ ユークリッド　17, 36, 42
- ラ ライプニッツ　69, 71, 133
  - ラグランジュ　78, 153
  - リトルウッド　25
  - ルジャンドル　90, 178
  - ワイルズ　69

【アルファベット・数字】

- k 組素数　26
- 2次形式　215
- $4n+1$ の素数　49
- $4n+3$ の素数　49

【あ行】

- 安全素数　98
- アンドリカの予想　21
- 一般項　46
- ウィルソンの定理　77
- エラトステネスのふるい　41
- オイラーの規準　196
- オイラーの定数　120
- 黄金定理　64
- 黄金比　156
- オパーマンの予想　26

【か行】

- 解析的整数論　4
- ガウス整数　200, 202
- ガウス素数　205, 214
- 完全数　30, 81
- 簡約形式　216
- 既約なピタゴラス数　86
- 級数　111
- 共役な複素数　209
- 近似分数　161
- 項　46, 82
- 公差　46
- 合成数　12
- 交代和　133
- 公比　82
- 古代バビロニアの数学　38

【さ行】

- 三平方の定理　85
- 自然数　12
- 自然対数　29, 125
- 収束　116, 155
- 循環部分の長さ　164, 166
- 循環連分数　156
- 常用対数　125
- 剰余の定理　75
- 初項　46, 82, 115
- 真数　125

数学的帰納法	69
素因数分解の存在と一意性	43, 205
素数	12
素数定理	29
素数の分布	12
ソフィー・ジェルマン素数	97

【た・な行】

対数	124
代数的整数	202, 208
代数的整数論	4
多項定理	71
単数	204, 210
単数倍を除いて等しい	204
チェビシェフの定理	23
置換積分	126
調和級数	104, 118
調和数列	118
ディオファントス方程式	88
ディリクレの算術級数定理	144, 199
ディリクレの部屋割り論法	92
等差数列	45
等差数列の和の公式	48
等比数列	82
等比数列の和の公式	83
二項係数	69
二項定理	69

【は行】

背理法	50, 65
発散	116
ハーディ・リトルウッドの予想	25
鳩の巣原理	92
判別式	215
ピタゴラス数	85
ピタゴラス数の斜辺	86, 96
ピタゴラスの定理	85
フェルマー素数	33
フェルマーの小定理	66, 68, 182

フェルマーの大定理	68
双子素数	17
不定方程式	88
(無限級数の)部分和	116
ブローカルの予想	28
平方剰余	178
平方剰余の相互法則	64, 173
平方剰余の相互法則の第1補充法則	64
平方剰余の相互法則の第2補充法則	190
平方非剰余	178
(フェルマーの)平方和定理	89, 153, 169, 212
ベルトランの仮説	23
ペル方程式	152
ペル方程式の正の解	165

【ま行】

三つ子素数	18
無限級数	110, 115
無限降下法	95
無限数列	111
無限積	123, 138
無限等比級数の和の公式	117
無限連分数	154
メルセンヌ素数	31

【や・ら・わ行】

有限数列	111
有限連分数	154
有理整数	202
有理素数	204
ライプニッツの公式	132
隣接形式	216
ルジャンドルの記号	179
連分数	154
連分数展開	157
(無限級数の)和	116

N.D.C.412　230p　18cm

ブルーバックス　B-1907

素数が奏でる物語
2つの等差数列で語る数論の世界

2015年3月20日　第1刷発行

著者	西来路文朗（さいらい ふみお） 清水健一（しみず けんいち）
発行者	鈴木　哲
発行所	株式会社講談社
	〒112-8001　東京都文京区音羽2-12-21
電話	出版部　03-5395-3524
	販売部　03-5395-5817
	業務部　03-5395-3615
印刷所	（本文印刷）凸版印刷株式会社
	（カバー表紙印刷）信毎書籍印刷株式会社
製本所	株式会社国宝社

定価はカバーに表示してあります。
© 西来路文朗・清水健一 2015, Printed in Japan
落丁本・乱丁本は購入書店名を明記のうえ、小社業務部宛にお送りください。送料小社負担にてお取替えします。なお、この本についてのお問い合わせは、ブルーバックス出版部宛にお願いいたします。
本書のコピー、スキャン、デジタル化等の無断複製は著作権法上での例外を除き禁じられています。本書を代行業者等の第三者に依頼してスキャンやデジタル化することはたとえ個人や家庭内の利用でも著作権法違反です。
Ⓡ〈日本複製権センター委託出版物〉複写を希望される場合は、日本複製権センター（電話03-3401-2382）にご連絡ください。

ISBN978-4-06-257906-3

発刊のことば

科学をあなたのポケットに

 二十世紀最大の特色は、それが科学時代であるということです。科学は日に日に進歩を続け、止まるところを知りません。ひと昔前の夢物語もどんどん現実化しており、今やわれわれの生活のすべてが、科学によってゆり動かされているといっても過言ではないでしょう。
 そのような背景を考えれば、学者や学生はもちろん、産業人も、セールスマンも、ジャーナリストも、家庭の主婦も、みんなが科学を知らなければ、時代の流れに逆らうことになるでしょう。
 ブルーバックス発刊の意義と必然性はそこにあります。このシリーズは、読む人に科学的に物を考える習慣と、科学的に物を見る目を養っていただくことを最大の目標にしています。そのためには、単に原理や法則の解説に終始するのではなくて、政治や経済など、社会科学や人文科学にも関連させて、広い視野から問題を追究していきます。科学はむずかしいという先入観を改める表現と構成、それも類書にないブルーバックスの特色であると信じます。

一九六三年九月　　　　　　　　　　　　　　　　　　　　　　　　　　　野間省一